你没想过的小动物系列

超有趣的
动物小知识

（日）松桥利光　著

王珍珍　孟　颀　译

化学工业出版社

·北京·

北京市版权局著作权合同登记号：01-2024-3934

图书在版编目（CIP）数据

超有趣的动物小知识 /（日）松桥利光著 ；王珍珍，孟頔译 . -- 北京 ：化学工业出版社 ，2024.8
（你没想过的小动物系列）
ISBN 978-7-122-45593-2

Ⅰ . ①超… Ⅱ . ①松…②王…③孟… Ⅲ . ①动物 - 儿童读物 Ⅳ . ① Q95-49

中国国家版本馆 CIP 数据核字（2024）第 091185 号

责任编辑：郑叶琳　　　　　　　　　　　文字编辑：张焕强
责任校对：李露洁　　　　　　　　　　　装帧设计：刘丽华

出版发行：化学工业出版社
　　　　　（北京市东城区青年湖南街13号　邮政编码100011）
印　　装：盛大（天津）印刷有限公司
880mm×1230mm　1/16　印张7¾　字数70千字
2024 年9月北京第1版第1次印刷

购书咨询：010-64518888　　　　　　　售后服务：010-64518899
网　　址：http://www.cip.com.cn
凡购买本书，如有缺损质量问题，本社销售中心负责调换。

定　　价：59.80元　　　　　　　　　　　版权所有　违者必究

前言

　　动物实在是神奇的存在！但从事了与动物打交道的工作后，我对那些令人惊叹的事情逐渐习以为常，早就不知道对大家来讲什么是不可思议的了……

　　令我感到吃惊的是，做水族馆饲养员时已经司空见惯的事情，图书编辑、设计者却并不了解。成为摄影师后去动物园采访时，我也常常惊讶于饲养员们讲述的那些令人惊叹的陌生小知识。

　　当然，不仅仅是饲养员，在与从事野生动物保护和研究的朋友、经营宠物店的朋友、兽医朋友等各个领域的动物专业人士的访谈中，也隐藏着许多小知识。

　　在这本书中，我整理了那些对动物相关从业人员而言是常识而不会特意科普的知识，以及一些不为人知的冷门小知识。

　　啊，但这本书并不是图鉴。

　　希望您能和周围的人分享对这本书的不同看法及自己所知道的事情，让更多的人了解您喜爱的动物。

　　同时，我也想呼吁动物爱好者们读完这本书后，将里面的小知识跟对动物不太感兴趣的人分享，进而激起他们的兴趣。希望更多的人能够关注到自然和动物，这也是我编写这本书的初衷。

　　衷心希望这本书中的小知识能够成为动物爱好者与非爱好者之间对话的桥梁。

动物摄影师　松桥利光

第 *1* 章 哺乳类动物小知识

第2章 爬行类动物小知识

第3章 无脊椎动物小知识

第4章 海洋动物小知识

第5章 蛙类动物 小知识

第6章 鸟类小知识

第1章

哺乳类动物
小知识

不仅外表可爱，

还有许多惊人的秘密。

甚至在动物园里也能看到!

长颈鹿

颈骨的数量

和人类相同

颈骨有七块!
和人类相同!

长颈鹿有着高高的身体,四肢和脖子都很长。但实际上,它的颈骨数量与人类相同。

和大多数哺乳类动物一样,它的颈骨也是7块。那么长的脖子里居然只有7块骨头,乍一想非常不可思议。实际上,它每根颈骨都很长,接近30cm。它的脖子虽然看起来非常柔软且活动自如,但弯曲的弧度有限,因此无法像蛇那样扭来扭去。

小档案

学名	网纹长颈鹿
身高	4 ~ 6m
分布	非洲

长颈鹿

趣闻 长颈鹿还有很长的紫色舌头

长颈鹿不仅有长长的脖子和腿，舌头也很长。它们用舌头卷取树叶吃。这是为了吃到更高处的叶子而进化出来的。

树袋鼠

小档案

● 学名　古氏树袋鼠

● 身长　60cm

● 分布　新几内亚岛中部至东部地区

袋 鼠的祖先最初生活在树上，但随着澳大利亚土地沙漠化等原因，森林面积减少，它们不得不转移到地面生活，随后体形越长越大，最终演化成现在的袋鼠。但之后其中一部分又回到了森林，成了树袋鼠，开始在树上生活。

树袋鼠生活在巴布亚新几内亚的热带雨林中。它们有强壮的爪子可以爬树，以树上的叶子和果实为食，过着看似平静的生活。

但实际上，树袋鼠并不擅长从树上爬下来，下树时可以说非常小心翼翼：它们一边向后退，一边用后腿在空中摸索，寻找地面；没有找到就会放弃，然后再次摸索。一旦碰到地面，就会慢慢地、慢慢地爬下来。

这个样子真是可爱。

树袋鼠

不擅长从树上下来

它把爪子竖起来抓住树干，正在小心翼翼地往下爬！

笔者的经验之谈

去横滨动物园就能见到！

我在到访巴布亚新几内亚时提出想看看树袋鼠，但被告知在野外是找不到的，于是被带到了动物园里。虽然内心略感失望，但当时在日本还看不到树袋鼠，所以只是静静地凝视着树上的那只树袋鼠。不过现在可以在日本神奈川县横滨动物园Zoorasia见到它们啦！

害怕……

这是斑马屁股上的条纹。它连尾巴上都有条纹!

很多小朋友都喜欢看《汪汪队立大功》这个动画片。里面讲的是莱德和他的狗狗们进行救援的故事。

因为狗狗的叫声是"汪汪",所以常用"汪汪"代指狗狗。如果可以用叫声代指,斑马也是"汪汪"。

因为斑马也会"汪汪"叫。如果只听叫声的话,我们甚至会错认为是狗狗在叫。

所以从今以后,说到"汪汪"不要只想到小狗哦。

顺便一提,长颈鹿的叫声是"哞"。牛奶广告中也经常出现"哞"这个词……不过,单用这个词可能有失准确哦。

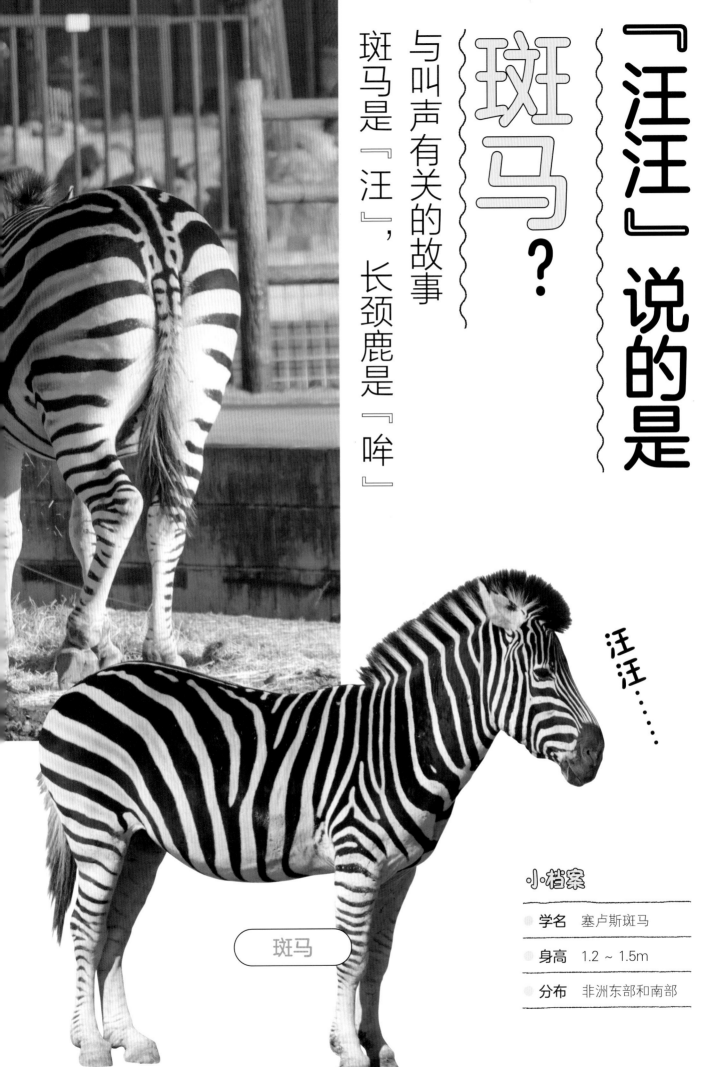

「汪汪」说的是斑马？

与叫声有关的故事

斑马是「汪」，长颈鹿是「哞」

汪汪……

斑马

小档案

- **学名** 塞卢斯斑马
- **身高** 1.2 ~ 1.5m
- **分布** 非洲东部和南部

犀牛
的角是它的
一撮毛？

噜！

犀牛

牛的角是由"角蛋白"构成的。角蛋白是一种用于生成指甲、毛发、鳞片等机体组织的蛋白质。因此，将其视为一团毛发应该也是可以的吧！说到既整齐又狂野的头发，首先让人想到的就是脏辫吧！

既然如此，我的结论就是——犀牛的角是天然的脏辫！

➕ 趣闻　犀牛角是一味药？

犀牛的皮肤非常厚实，像铠甲一样坚固，因此很少受到肉食动物的攻击。但由于犀牛角可入药，非常珍贵，所以遭到了人类的偷猎，几乎到了灭绝的边缘……虽然其作为药材的效果尚未得到证实，但犀牛角还被视为"财富的象征"，偷猎行为仍层出不穷。为了保护犀牛不被偷猎者猎杀，动物保护者不得不提前切掉犀牛角。这是多么可悲的现实啊……

小档案

- **学名**　白犀

- **肩高**　1.5 ~ 2.0m

- **分布**　非洲

大象的鼻子
没有骨头
全是肌肉

这个鼻子其实是
上嘴唇的一部分。

亚洲象

WOW!

没有骨头所以
能够自由活动

小档案

○ 学名　亚洲象

○ 身高　2 ~ 3m

○ 分布　亚洲

大象的鼻子十分强壮，人可以挂在上面。但与长颈鹿的脖子不同，大象的鼻子可以活动自如，比如卷起来、朝向两边、卷起稻草、用鼻子夹苹果、吸水并送到嘴里等。它的鼻子可以像人手一般完成精细的动作，非常灵巧。

它之所以能够自由活动，是因为鼻子里没有骨头，仅靠肌肉控制，这才让那么长的鼻子活动自如。据说大象还能用鼻子抬起几百千克重的物体！

大象的鼻子其实是它的上嘴唇。仔细观察就能发现，大象是没有上嘴唇的。

小档案

学名	非洲象	
身高	2 ~ 3m	
分布	非洲中部、南部	

趣闻1 大象的耳朵可以用来散热

大象的耳朵很大，非常具有象征意义！

在某部动画片中，有只耳朵特别大的小象甚至能够飞行，或许是以非洲草原象为原型的吧？但是从性格上来看，更像是非洲森林象。总之小飞象非常可爱，这部动画片也是我最喜欢的动画片。

话说回来，即使是刚出生的小象，体重也有120kg左右，所以当然不能飞。

那么为什么它们的耳朵那么大呢？因为耳朵发挥着"散热"的功能。简单来说，就像个散热器一样。

大象的耳朵很薄，血管靠近皮肤表面，因此很容易散热。当天气炎热时，它们会扇动耳朵保持凉爽；而在寒冷时，它们则会将耳朵紧贴身体以减少热量的散发。

非洲象

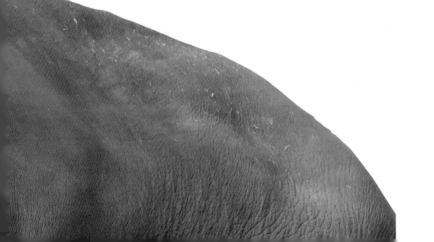

趣闻2 耳朵不大的象

亚洲象的耳朵比非洲象的小。与生活在炎热大草原上的非洲象相比，亚洲象生活在树荫笼罩的森林中，因此不需要太大的耳朵。大耳朵反而会妨碍它们在森林中活动。

河马

的汗水看上去

是红色的？

传 闻河马的汗水是红色的，有人甚至将其描述为"血汗"。但事实上并不是血一样鲜艳的颜色。

我们所看到的圈养河马，其汗水颜色正确来说应该是略带透明感的棕褐色，有点像浓红茶或浓焦糖酱的颜色。

据说其汗液中的成分接触空气就会变成红褐色。有一种说法认为这种汗液具有杀菌和防晒的功效。河马常年待在水中，当它们上岸时就会大量出汗，形成一层黏液保护皮肤，有着防止干燥的功能。

不是血哦……

河马

小档案

- 学名　河马
- 身高　约1.4m
- 分布　非洲

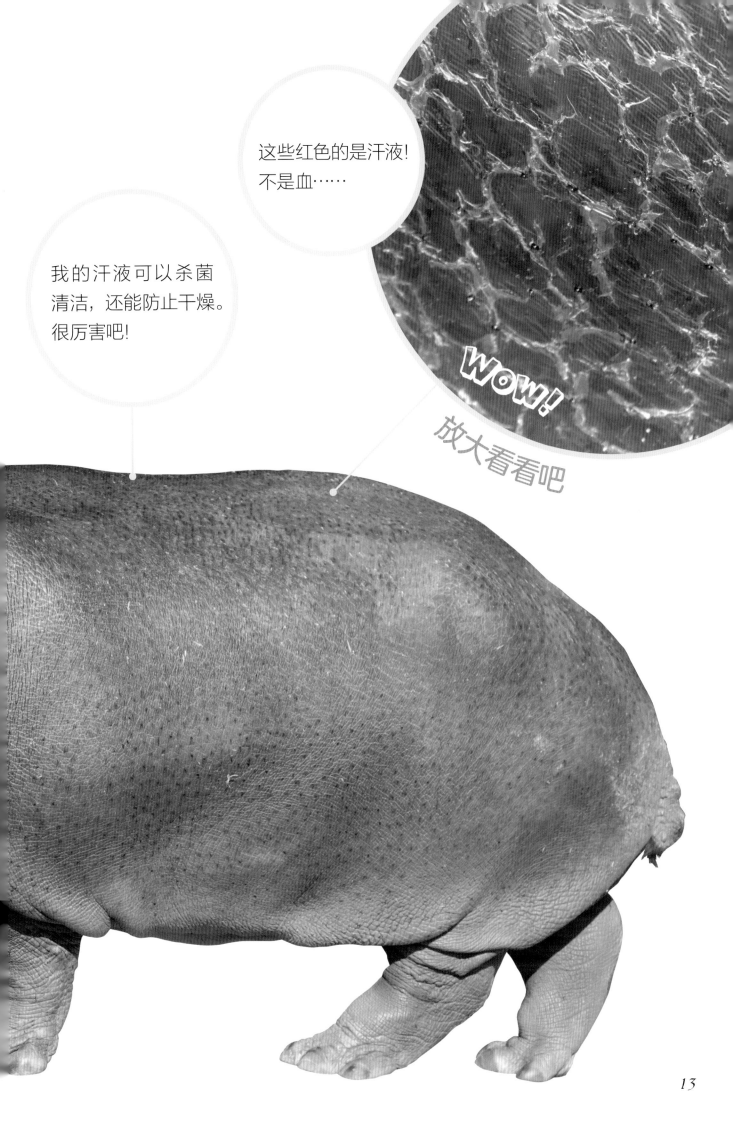

13

小档案

- **学名** 角菊头蝠
- **身长** 大约4cm
- **分布** 中国、日本、老挝、马来西亚等国

蝙蝠幼崽是倒挂的吗？

在 蝙蝠的繁殖期，也就是5月前后，进入洞穴或者废弃隧道，你会发现很多蝙蝠。

仔细观察它们成群栖息的照片，可以看到有些是黑色的，有些是棕色的。棕色的是母亲，黑色的是幼崽。等幼崽长大一些，就会像母亲一样头朝下倒挂着栖息。但在此之前，它们会挂在母亲的肚子上倒过脑袋来，呈现倒挂状。

大蝙蝠
（头朝下）

小蝙蝠
（头朝上）

角菊头蝠

笔者的经验之谈

倒挂着小便

我们通常认为蝙蝠会直直地倒挂着小便，但似乎只有大型的"大翼手亚目"蝙蝠才会这样。小型蝙蝠会稍微转过身后排泄。

马来貘

呜哇!

WOW!

笔者的经验之谈

拍摄时的危机!

我拍摄这张照片是在傍晚，其他的拍摄任务已经结束。由于我喜欢马来貘，想着最后看它一眼，便毫无防备地走到了它的笼子前。就在这时，它突然转过身去用尾巴对着我。我心中一惊，意识到大事不妙，便立刻向后退去，千钧一发之际避开了危险，并拍摄了这张照片。

尿液会势不可挡地喷射而来，一定要小心!

马来貘

抬起尾巴的时候要当心！

小档案

学名	马来貘
身长	大约2.5m
分布	马来半岛、泰国、印度尼西亚等

马来貘的毛色像熊猫一样黑白相间。它们看起来像是想象中的动物，给人以不太现实的感觉，动作缓慢……在动物园里备受欢迎。然而若因此放松警惕，抱着悠闲的心态观赏它们，可能会遭遇意想不到的情况。

简言之，如果马来貘转过头去，你就赶紧远离它吧！它们会通过喷射小便来宣示领地主权，小便甚至能喷射到5m远的地方。加上风力的作用，它们的行为可能会造成严重的伤害。顺带一提，它们的这种行为几乎没有任何预兆……

兔子

会吃自己的便便

为了摄取营养，兔子会吃软便哦!

嚼一嚼

现在正在吃呢

兔子

小档案

- **学名** 兔
- **身长** 不同品种有较大差异
- **分布** 作为宠物分布广泛

考拉妈妈以把自己的粪便喂给幼崽而闻名，这是为了让幼崽获得消化桉树叶所需的微生物。除考拉之外，还有许多动物也会吃自己的粪便。

其中广为人知的动物之一就是兔子。

兔子的便便通常是坚硬结块的，它们是不吃这种便便的。它们吃掉的是软便，在吃的时候会把嘴靠近屁股，所以人们一般都意识不到它们是在吃便便。为什么兔子要吃自己的便便呢？兔子的主食是草，但草不易消化，也没有太高的营养价值，一些未消化的草会进入盲肠，在那里发酵分解。

经过发酵的草会产生维生素和氨基酸，有较高的营养价值，可以说是一种富含营养的发酵食物。通过食用这种便便，兔子可以有效地摄入营养。

好吃——

舔舔

不吃常见的
结块便便哦

鼻子特别大的，有时候需要用手掀起鼻子进食。

我的鼻子还没长成熟

长鼻猴的鼻子非常大

长鼻猴

小档案

● 学名　长鼻猴

● 身长　60～75cm

● 分布　加里曼丹岛

笔者的经验之谈

低沉的声音

在加里曼丹岛的一条河上，我曾遇到过一群在河边树上蹿来蹿去的长鼻猴。它们离我很远，我根本无法靠近，所以放弃了拍照，但它们的叫声却清晰可闻。雄性低沉的声音是由大鼻子发出的，据说这种声音对雌性很有吸引力。无论是人还是猴子，低沉的嗓音都更有魅力啊……

长鼻猴的鼻子非常大，十分奇妙，无论谁看到都会惊讶到不禁多看两眼。据说这个大鼻子是它们发出叫声时的共鸣器。

据动物园工作人员介绍，鼻子特别大的雄性在进食时，鼻子会比较碍事，因此有时它们会用手掀起鼻子进食。

目前还不知道为什么长鼻猴有着这么大的鼻子。有一种解释称大鼻子的雄性拥有庞大的"后宫"，强壮的体格和大鼻子或许起到散发魅力的作用。大鼻子是雄性强壮的象征，对于雌性来说，大鼻子的雄性可能更有魅力……

动物园里见到的红毛猩猩大多数都有大而突出的脸颊。这个充满褶皱的脸颊部位被称为"缘轮状肉垫"，是雄性强壮的象征。

然而并非所有红毛猩猩的缘轮状肉垫都很宽大，也有的很小。

在野外，红毛猩猩通常单独行动而非群居。但当它们认为自己比遇到的雄性更强，或者在打架中获胜，又或是认为自己是该地区最强的，它们的脸颊就会变宽。在动物园中，由于很少会将雄性放在一起饲养，导致这些红毛猩猩不会遇到比自己更强的对手，所以动物园的红毛猩猩缘轮状肉垫通常会更宽。

趣闻　只是传言吗？

有这样一些传言：如果饲养员体格过于强壮，红毛猩猩脸上的肉垫就不会变宽；如果打架输了肉垫会缩小；等等。这些传言不知是真是假，但肉垫越大越受欢迎似乎确有其事。

体越强壮 脸上的缘轮状肉垫越大身

红毛猩猩

红毛猩猩

小档案

● 学名　红毛猩猩

● 身高　0.8～1.3m

● 分布　加里曼丹岛等地

21

海象胡子多的原因

海豹和海狮等鳍足类动物都长有长须。这些胡须其实是它们的感觉器官，用于寻找食物、探索周围环境，就像我们人类的手一样可以自由活动。在水族馆的表演中，它们可以借助胡须将球等物品顶在鼻子上保持平衡。

相比之下，海象的胡须更加浓密，这与它们的觅食习惯有关。海豹和海狮会捕食鱼类并整个吞下，而海象的主要食物是双壳类。稍短但浓密的胡须能够帮助它们在海底寻找双壳类动物。用胡须找到贝类后，海象会用嘴巴喷水把它挖出来，再用有吸力的柔软嘴唇吸出内部的肉质部分食用。因此，海象的脸比海豹和海狮的脸更宽，吻部更短，胡子更多。

笔者的经验之谈

海象表演很厉害，去水族馆必看！

一定要去看看海象表演！海象表演充分利用了海象嘴巴的特点。海象用它们光滑的嘴唇，像吸吮贝肉一样飞吻；或者将嘴缩起来喷出一道水柱。这些都是其他鳍足类动物做不到的绝活。自从我看过一次后，就完全迷上了海象的演出，在拍摄间隙一定会去见见它们。

海象

这部分就是海象的吻部。

WOW!

若要简单描述一下海象胡子的触感，对我来说就像是应该煮10分钟但只煮了一两分钟就从热水里捞出来的意大利面一样。

小档案

- 学名　海象
- 体长　2 ～ 3.5m
- 分布　北冰洋、阿拉斯加等地

海獭 吃完就睡的一天

海獭给人的印象十分悠闲，每天在海上漂来漂去，裹着海藻打盹，时不时用肚子上的石头敲开贝壳吃。但实际上，海獭生活在水温4 ~ 10℃的低温海洋里。

欸？可是它们没有海豹那样厚厚的脂肪，又是如何维持体温的呢？

答案是靠吃！它们通过大量的进食促进代谢，获取所需的能量。它们每天要吃下去的食物重量大约是体重的四分之一，也就是说体重40kg的海獭，要吃10kg的食物。

海獭柔软的毛发能防止能量流失。在长毛下还长着细小的绒毛，其密度可以说是动物界中的世界第一，因此皮肤不会直接接触冰冷的水。海獭会花费大量时间进行毛发的清洁和护理，以保持毛发的干净和蓬松。它们在清洁毛发时，会非常仔细地清除毛发上的污垢，并让毛发间充满空气，这样浓密的毛发和空气可以防止热量的散失。

笔者的经验之谈

挑食的海獭

在水族馆当海獭饲养员时，最令我操心的就是海獭的挑食问题。当时它们的主要食物有鳕鱼、鱿鱼和紫石房蛤，但海獭会因为鳕鱼的刺咳嗽不止；或者把鱿鱼的脚（须子）藏起来只吃身体部分，吃饱之后就把脚扔掉，导致这些东西全部混在一起，不知道是哪只海獭扔的；吃贝类时，会只挑喜欢的地方……这让我很难把握它们的摄食量。为了维持体温，它们必须吃足够的食物。而为了管理它们的健康，我们也必须了解它们的摄食量。

小档案

- **学名** 海獭
- **体长** 大约150cm
- **分布** 阿拉斯加、日本北海道（俄罗斯海獭）

牙齿相当锋利。

它们很会玩贝壳。

海 獭是有口袋的，就在腋窝下！虽说是口袋，但其实是腋下的一层松弛的皮肤，可以放进各种东西，就像口袋一样。

水族馆里的海獭得到贝壳后，就会放进口袋里保存。

但由于不是真正的口袋，有些贝壳会露出来被其他海獭抢走。

海獭转圈圈时，还会用前肢轻轻按住口袋，防止贝壳掉落。那个样子非常可爱。

海獭的口袋？

海獭

WOW!!

海獭非常顽皮，常常让饲养员哭笑不得！

笔者的经验之谈

玩具也藏到腋下

做饲养员时另一件被海獭困扰的事，就是它们藏在腋下口袋里的贝壳。在喂食时，海獭会偷偷把碎了的贝壳藏到腋下，趁人走后，用碎贝壳刮擦展示区的透明亚克力板。由于没有及时收起碎贝壳，我被前辈训了好多次……

27

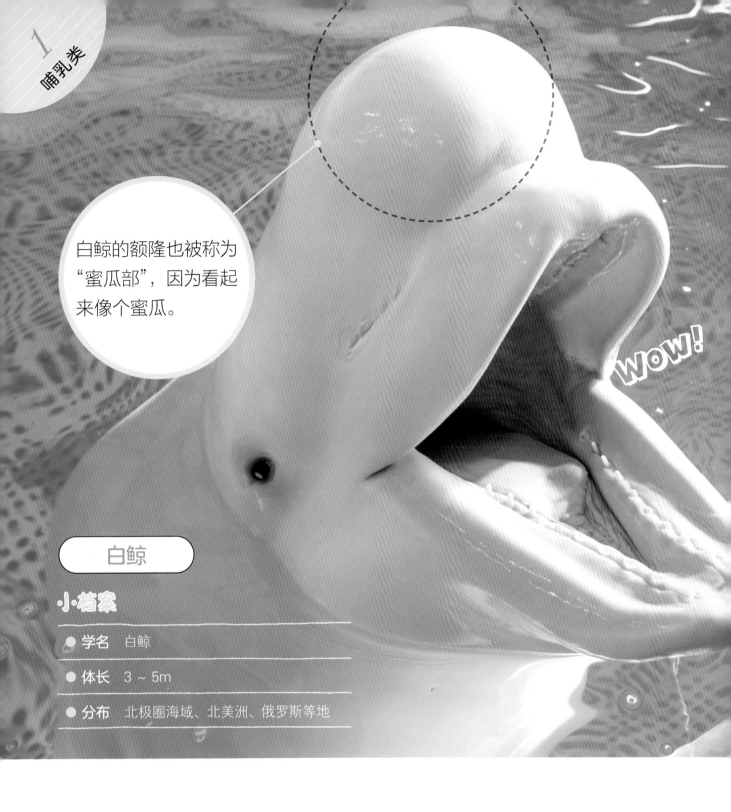

白鲸的额隆也被称为"蜜瓜部"，因为看起来像个蜜瓜。

WOW!

白鲸

小档案

● 学名　白鲸

● 体长　3～5m

● 分布　北极圈海域、北美洲、俄罗斯等地

白鲸因其声音美妙，也被称为海洋中的金丝雀。它们的脸和海豚相比有所不同，吻部（鼻头）很短，嘴像人的嘴唇一样厚实。头顶的"蜜瓜部"也比其他海豚大而柔软，像中国古代寿星的脑门。

虽然嘴的外观很有特点，但其最大的特点是像人的嘴唇一样柔软，动作十分灵活。

它可以扁嘴噗的一下射出空气或水柱，也可以吸溜一下吸进一条鱼。它们甚至可以做出一个可爱的鸭子嘴！

野生的白鲸还会卷起海床的沙子，并吃掉被卷出来的鱼。

白鲸

的嘴藏着秘密……

它们还擅长"呼"地吐气!

 趣闻 *1* 可以发出200种不同的声音

白鲸的金丝雀般美妙的声音并不是从嘴里发出的,而是从相当于人类鼻子的喷气孔发出的。通过喷气孔的内部振动,在"蜜瓜部"中产生共鸣而发声。白鲸用这些声音与同伴交流,声音种类大约有200种。

 趣闻 *2* 曾经当过间谍?!

人们曾发现过一只带着某国标记的间谍白鲸。白鲸与海豚一样,非常聪明,还善于交际。就像在水族馆看到的那样,它们能与人类交流,理解人类的意图并表达出来。这也就意味着它们能被打造成听话的间谍。因为白鲸没有背鳍,不会与冰面摩擦,所以非常适合潜入水下侦察。这头白鲸能被发现并被解救,真是太好了。

29

虽然几乎没有嗅觉……但鼻子在这里哦! 浮出水面时会张开!

这里是鼻子哦!

WOW!

呜呼呼……

瓶鼻海豚

小档案

● 学名　瓶鼻海豚

● 体长　2~4m

● 分布　世界各地的暖海域

海豚的鼻子在头顶上

海豚的鼻子在它们的头顶上，在浮出水面时会喷出水花。这个喷气孔就相当于人类的鼻子。

但海豚的嗅觉已经退化了，所以它们几乎没有嗅觉。

人类可以用嘴巴和鼻子呼吸，但海豚的食道和呼吸道之间没有连接，它们的嘴巴只能用来进食而不能呼吸。也就是说，它们只能通过喷气孔呼吸。是的，喷气孔就是它们的鼻子。当它们浮出水面呼吸时，喷气孔会张开，在水下时则会紧紧地闭合，因此不会呛水。

➕ 趣闻 儒艮的鼻子

儒艮的鼻子和人类的鼻子位置相同，仅从这点就能判断，儒艮和海豚不是同一个物种。儒艮和海豚同样生活在水下，有着相似的鳍、体型、肌肤的触感等，经常会被混淆。但儒艮属于海牛类，与其说儒艮像鲸鱼和海豚，不如说更像大象一些。

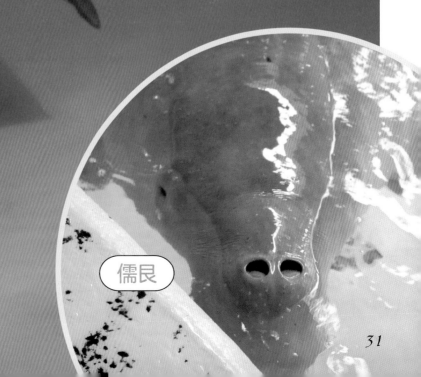

儒艮

海豚的乳房在臀部

咕噜咕噜……

好喝——

WOW!

母海豚正在哺乳。

小档案

- 学名 花斑喙头海豚
- 体长 1.2 ~ 1.7m
- 分布 南美麦哲伦海峡等地

说 完鼻子，接下来介绍海豚的乳房。你知道它们的乳房在哪里吗？

动物的乳房在我们印象里应该和人一样在胸前位置，或者像牛一样在腹部。

但海豚的乳房位于臀部，藏在排泄口（大便出来的地方）旁边的小缝里。

哺乳时，海豚幼崽发出想吃奶的信号，母亲就会配合幼崽的游泳速度慢慢游动，而幼崽则追上母亲，从后面喝奶。

顺便一提，前面提到的儒艮，它的乳房在腋下。

趣闻 儒艮的乳房在腋下

就是这个圆圆的东西，看起来很可爱。

这里！

花斑喙头海豚

海豚 不会熟睡

哎呀，太忙了，没空睡觉！

海豚

人 类在育儿期间，由于夜间喂奶和换尿布等原因，需要夫妇轮流起夜照顾，没办法睡个好觉……

海豚也一样！

但这并不是因为它们要抚养孩子，海豚的睡眠方式本就是如此。

海豚的这种睡眠方式叫作半球睡眠，这是为了在警惕周围环境的同时游动着入睡所采取的只有一半大脑休息的睡眠方法。

如果仔细观察，会发现有些海豚闭着一只眼睛在游泳。是的，另一半大脑在休息！当右眼闭上时，左脑在休息；左眼闭上时，右脑在休息。就算在可以放心休息的水族馆里，多数海豚基本上也是只有一半大脑在休息。不过也有些海豚会用下巴枕在池边闭上双眼熟睡。

+ 趣闻 令人羡慕的
"半球睡眠"

海豚并不是唯一可以让半边大脑休息的动物。据说候鸟在长时间飞行中也会进行半球睡眠。在人们忙于工作或育儿的时候，真的很羡慕这种半球睡眠方式啊。

松桥专栏1

看海豚表演，
一定要赶早上第一场！

为了拍摄，我经常有机会在水族馆开馆前进入。这时感受到最多的就是来自动物们好奇的眼神。因为是早上，有些动物急切地等待着饲养员的到来，会发出"想吃东西"的信号；还有一些会因为晚上寂寞，而兴奋地靠近我们想要亲近。

海豚就是想亲近的那一类。我站在水箱前，海豚就会游到旁边，像是要求拍照一样络绎不绝。所以如果要去水族馆，一定要抢在开馆的时候进入！首先去海豚馆的话，就可以看到向你游来的海豚。

当然，海豚表演也是如此，海豚在早上十分积极。我在做饲养员的时候自不必说，现在因为拍摄也有机会看上一整天（全部）的海豚表演，果然还是第一场表演跳得最高，技巧最好。经过一整天的工作，海豚也和我们一样，都会因为疲惫而略显迟钝。

第 2 章

爬行类动物
小知识

就是因为不了解才觉得害怕啊!

仔细看看吧! 了解相关知识后,

会发现爬行类动物竟然特别有趣!

瘦长的身形。

山王蛇

蛇的身子长

我有着结实的肌肉!

小档案

◎ 学名	吉娃娃高山王蛇
◎ 体长	大约1m
◎ 分布	墨西哥

你 知道蛇的尾巴从哪里算起吗？

简单来说，蛇从排泄孔（排出大便的地方）开始是尾巴，头部到排泄孔是它的躯干。一部分树栖蛇（生活在树上的蛇）常年将尾巴缠在树枝上所以更长，而地栖蛇的尾巴就短一些。量了一下我家养的蛇，全长120cm的球蟒尾巴有10cm，全长120cm的日本锦蛇，尾巴有30cm。

小档案

◎ 学名	血蟒
◎ 体长	大约2m
◎ 分布	马来半岛、印度尼西亚等地

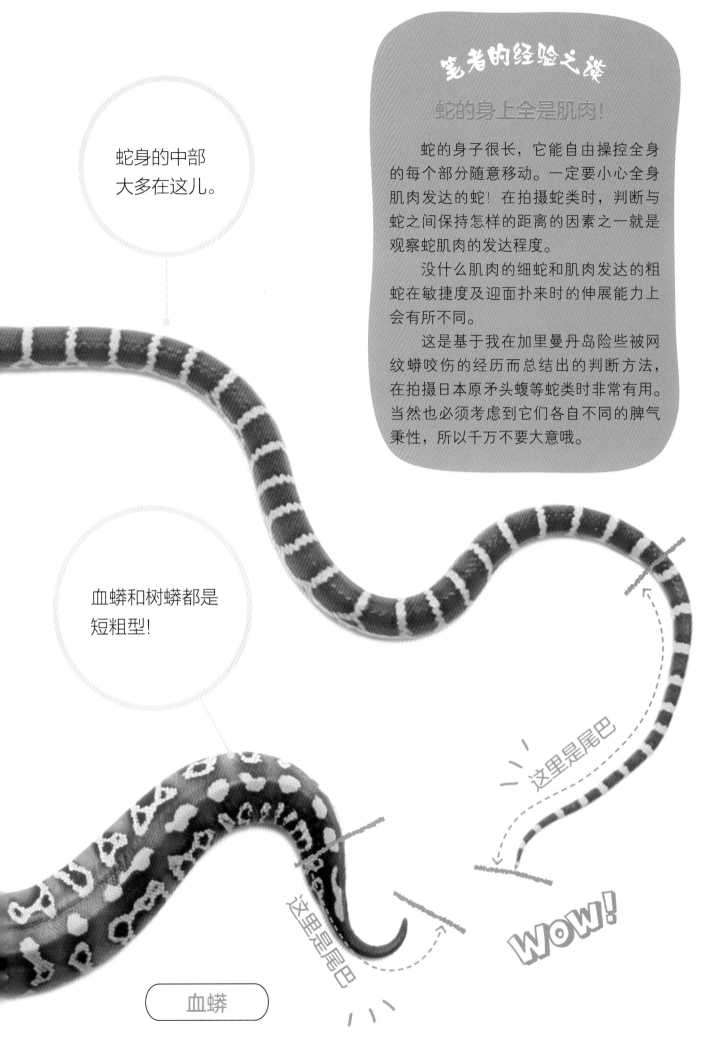

蛇身的中部大多在这儿。

血蟒和树蟒都是短粗型!

血蟒

蛇的身上全是肌肉!

蛇的身子很长,它能自由操控全身的每个部分随意移动。一定要小心全身肌肉发达的蛇! 在拍摄蛇类时,判断与蛇之间保持怎样的距离的因素之一就是观察蛇肌肉的发达程度。

没什么肌肉的细蛇和肌肉发达的粗蛇在敏捷度及迎面扑来时的伸展能力上会有所不同。

这是基于我在加里曼丹岛险些被网纹蟒咬伤的经历而总结出的判断方法,在拍摄日本原矛头蝮等蛇类时非常有用。当然也必须考虑到它们各自不同的脾气秉性,所以千万不要大意哦。

这里是尾巴

这里是尾巴

WOW!

日本锦蛇

呲溜呲溜

WOW!

吐舌头是在闻气味。

蛇的鼻子在嘴里

没有四肢是一种进化！蛇是一种高度进化的爬行动物！

小档案

学名	日本锦蛇	
体长	最长的大约2m	
分布	日本北海道、本州、四国、九州等地	

小档案

⊙ 学名	西部猪鼻蛇
⊙ 体长	70 ~ 120cm
⊙ 分布	美国中部到墨西哥北部

西部猪鼻蛇

巴布亚蟒

小档案

⊙ 学名	巴布亚蟒
⊙ 体长	70 ~ 120cm
⊙ 分布	新几内亚

仔 细观察蛇的脸，会看到鼻孔。人们通常认为这个地方是用来闻气味的。虽然用鼻子也能闻气味，但其实蛇更多时候是用舌头收集气味，再用口中的锄鼻器❶（位于上颚内部感知气味的器官）感知气味。

蛇的舌头之所以分叉，是因为其口中有两个锄鼻器。舌尖拂过锄鼻器，就能感知到气味。

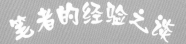

笔者的经验之谈

蜥蜴的舌头也是如此

蛇由巨蜥进化而来，进化过程中四肢消失。蜥蜴与蛇同根同源，它们也是用分叉的舌头伸缩感知气味。

圆鼻巨蜥

小档案

⊙ 学名	棉兰老金头水巨蜥
⊙ 体长	大约1.8m
⊙ 分布	菲律宾

---

❶ 又称雅克布逊器官、犁鼻器等。
——译者注

蛇的眼睛圆圆的，仔细看十分可爱。帝王蛇蜥等蜥蜴的眼睛则如同剧画❶风格般凛凛逼人，有些可怕。

帝王蛇蜥

小·档案

学名	帝王蛇蜥	
体长	大约100cm	
分布	欧洲东部、中东等地	

长得像蛇一样却不是蛇！

我们都是蜥蜴

巴顿氏蛇蜥

小·档案

学名	巴顿氏蛇蜥
体长	大约60cm
分布	澳大利亚南部、新几内亚

没有四肢且又长又细的爬行类动物都是"蛇"吗？

请注意了，这两页展示的其实都是"蜥蜴"。

像蛇一样的蜥蜴，包括腿退化了的蛇蜥、只有后脚以鳍的形态保留下来的鳞脚蜥、营穴居生活的蚓蜥等。

我也经常听到有人吐槽说："它们基本上就是蛇了吧。"但蛇是将蜥蜴无用的部位"进化"掉而生成的新型爬行类动物，而像蛇蜥科的蜥蜴只是退化了无用的腿。从进化过程来看，它们是不同的动物。

短石龙子

小·档案

学名	短石龙子
体长	大约20cm
分布	马达加斯加

伊索石龙子

小·档案

学名	伊索石龙子
体长	大约25cm
分布	泰国等地

❶ 20世纪50～70年代在日本流行的一种黑白写实漫画。——译者注

脆蛇蜥

小档案

学名	脆蛇蜥
体长	大约50cm
分布	越南

蠕虫蜥

小档案

学名	蠕虫蜥
体长	大约20cm
分布	沙特阿拉伯

笔者的经验之谈

虽然蛇很灵活……

多数种类的蛇身体都很灵活，行动起来也很顺畅，但蛇蜥的身体大多都很僵硬，慌乱的时候会不停地扑腾。在抓取灵活的蛇时，只需按住头，一把抓住它的身体，蛇就会变得温顺而容易对付。但抓取蛇蜥时，由于其身体过于僵硬，即使按住它也不会安静下来，很难应付。

黑白蚓蜥

小档案

学名	黑白蚓蜥
体长	大约40cm
分布	南美中部

红蚓蜥

小档案

学名	红蚓蜥
体长	大约70cm

有小小的脚！

白腹蚓蜥

小档案

学名	白腹蚓蜥
体长	大约70cm
分布	秘鲁、巴拉圭

五趾双足蚓蜥

小档案

学名	五趾双足蚓蜥
体长	大约20cm
分布	墨西哥

蛇的下巴不会脱落！

咔嚓

1 青蛙等的后腿很有力，所以要先咬住后腿……

它正在从后面吞下一只蟾蜍！只能看到蟾蜍的前肢了。

2 就会变成这样

WOW!

虎斑颈槽蛇

顺带一提，在吃老鼠的时候是从头部一口气吞下！因为老鼠的后腿没那么有力。

小档案

学名	虎斑颈槽蛇
体长	大约150cm
分布	中国、日本、俄罗斯、韩国等

蛇 以能吞下比自己脸还大的东西而闻名。难道它是通过卸下下巴，伸展皮肤而张大嘴的吗？其实这并不准确。

蛇是不能卸下下颌的。

实际上，连接上下颌的两块骨头和关节就是为了防止张大嘴时下颌脱落而存在的。

此外，蛇下颌的骨头中间是通过韧带连接的。随着韧带的拉伸，蛇的嘴也就可以轻松张大了。

笔者的经验之谈

握蛇方法小技巧

由于蛇的嘴巴能够大幅度开合，所以如果握蛇方法不当，它的下巴就会错位，看起来十分不自然。在给蛇拍照时，要注意不要触碰蛇的脸部或下颌部位，迅速握住蛇的脖子，支撑住下颌骨的后部。

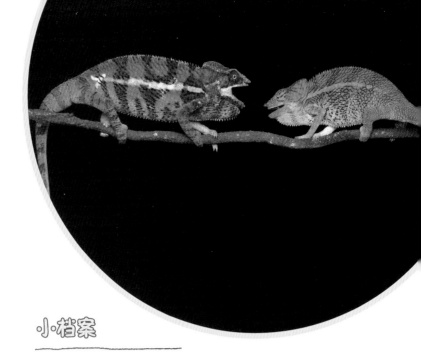

人们通常认为变色龙不断改变颜色是为了与周围环境融为一体，但事实并非完全如此。变色龙确实会随着紫外线的照射而改变身体颜色的深浅，如果它们在一个地方待的时间长了，就会根据亮度、温度和湿度与周围环境融为一体。因此并不是在红花上就变成红色，爬到绿叶上就变为绿色，在树干上就变成棕色。

变色龙的颜色变化不只是为了伪装，和心情变化也有很大关系，例如打架、恐吓或吸引异性（求偶）的时候，变色龙的颜色也会发生显著变化。

小档案

学名	豹变色龙	
体长	30 ~ 40cm	
分布	马达加斯加等	

上面是常态，下面是稍微兴奋时的状态。

变色龙的颜色由心情决定

豹变色龙

蜥蜴是主动断尾的

你 有没有抓住蜥蜴后发现它的尾巴断掉的经历？会不会以为这是抓住它尾巴导致的而感到自责？

　　实际上，多数情况下蜥蜴是自愿断尾的。这是一种名为"自断"的自我保护行为。蜥蜴断掉的尾巴在地上扭来扭去会吸引敌人注意，本体就趁机逃跑。

　　断掉尾巴后，断口处的肌肉会随之萎缩，所以不会出血。再生的尾巴没有骨头，与原来的尾巴有所不同，因此也有人认为再生的尾巴不美观，这样的蜥蜴不再受到异性的欢迎。再生的尾巴由软骨支撑，但"自断"的机会只有一次，没有第二次。

　　此外，尾巴在非自断的情况下断掉，尾巴将不能再生。

　　也有部分蜥蜴不会自断，当它们的尾巴因意外掉落后将无法再生。

从这部分断掉的话，大概是人类干的好事……

这一段应该不会是"自断"的区域

人们认为蜥蜴因为没有痛感所以不痛！

嘿！

牺牲掉尾巴当诱饵吧！

"从这里""到这里"是自断点（断掉还能再生的范围）

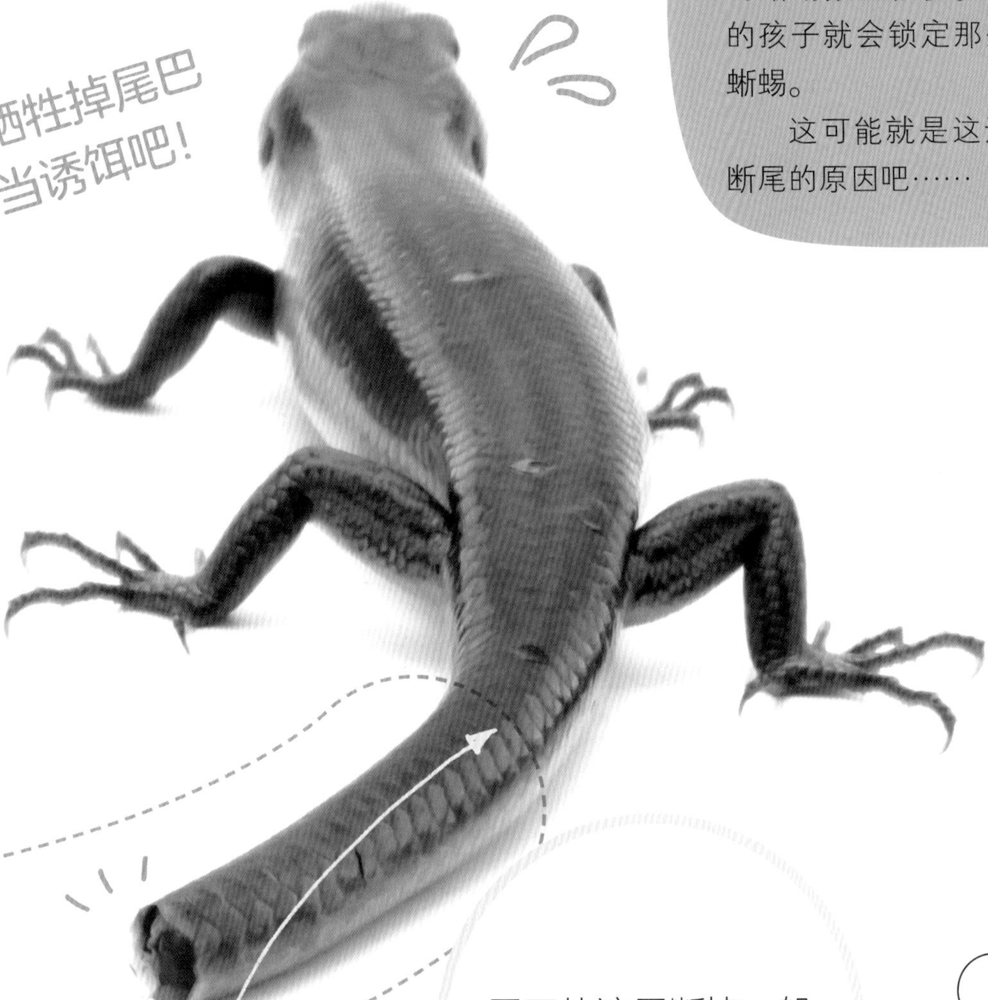

尾巴从这里断掉一般是蜥蜴的主动行为。

WOW!

蜥蜴

小档案

学名	蜥蜴
体长	一般30cm
分布	广泛

红海龟

海龟

流泪是因为……

小档案

- **学名** 红海龟

- **体长（壳径）** 80～100cm

- **分布** 大西洋、太平洋、印度洋、
  地中海等地

海龟会趁着涨潮的时机上岸，在海滩上四处游荡寻找适合产卵的地方。一旦找好，就用它们的后腿灵活地挖洞。但它们也经常因为碰到石头等小障碍物就停止挖洞返回大海。

如果因此浪费了时间，它们就会放弃当天的行动，如果还在涨潮时间内，它们还会尝试到附近海滩再次寻找合适的地点。海龟产卵的过程就是如此艰难。

当所有条件都满足，海龟才会产卵。众所周知，海龟在产卵时会流眼泪。但实际上流泪只是为了调节体内盐分平衡。

海龟幼体在温度高于30℃时会变为雌性

随后，母龟历经千辛万苦产下的卵在地热的作用下大约两个月后会孵化（破壳而出）。

孵化的积算温度（总温度）为1250℃，如果地表温度为27℃则需要55天；29℃则需要52天；30℃需要50天，以此类推。

地表温度不仅影响孵化天数，还影响雌雄的比例。就海龟而言，29℃是雌雄龟的分界线。29℃时雌雄参半，28℃均为雄性，而30℃时则均为雌性。

近年来，全球气候变暖导致气温上升，因此让人担心在某些地区会不会全是雌性海龟。

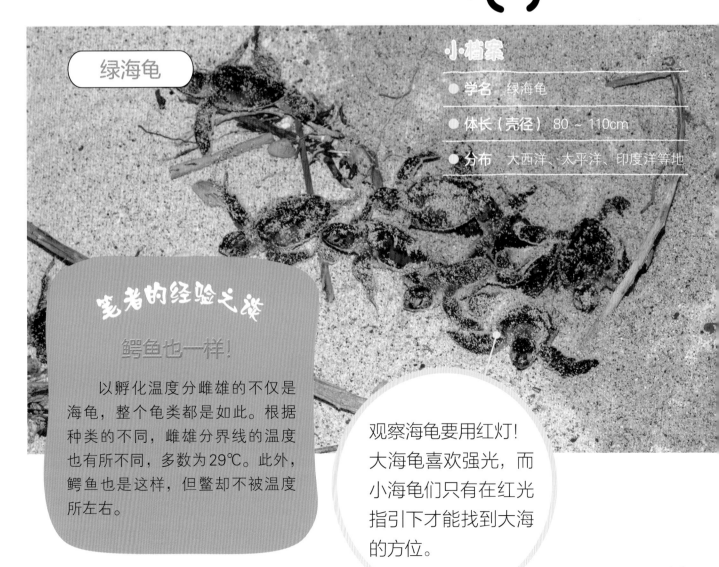

绿海龟

小档案
- 学名　绿海龟
- 体长（壳径）　80～110cm
- 分布　大西洋、太平洋、印度洋等地

笔者的经验之谈

鳄鱼也一样！

以孵化温度分雌雄的不仅是海龟，整个龟类都是如此。根据种类的不同，雌雄分界线的温度也有所不同，多数为29℃。此外，鳄鱼也是这样，但鳖却不被温度所左右。

观察海龟要用红灯！大海龟喜欢强光，而小海龟们只有在红光指引下才能找到大海的方位。

松桥专栏2

蛇和蜥蜴都很温暖

    多数的蛇和蜥蜴都会保护自己的卵直至其孵化。有些蛇类甚至会用身体缠住卵，通过不断活动的摩擦给卵取暖。包括蛇和蜥蜴在内，很多动物都曾被称为"冷血动物"。有不少人因此产生误会，认为它们从里到外都是冷血的。现在由于大家都知道了它们是体温随环境变化的"变温动物"，这一误解也在慢慢消失。

许多蛇的卵并不是单独分开的，而是聚集在一起，形成卵块。日本锦蛇也会用身子将这样的卵块包裹起来，保护其直至孵化。

第3章

无脊椎动物小知识

感觉很恶心，
是因为不够了解！

像捕食者
对吧!

随时上嘴
咬哦——

WOW!

大露尖牙

在日本的石垣岛有长
得像塔兰图拉毒蛛的
大型蜘蛛。不要靠近
它们，很危险!

塔 兰图拉毒蛛给人的印象是
"有毒蜘蛛"。它不仅体型大，
多数凶猛异常，生气的时候就会抬
起上身，摆动前肢，龇牙咧嘴准备
发起攻击，令人胆战心惊……

但其实，大多数种类都没有那
么强的毒性。

塔兰图拉毒蛛的毒素被称为
"塔兰图拉毒素"，对人类几乎没有
影响。我就曾经被红玫瑰蜘蛛等咬
过，但没有出现任何症状。

但是，还是要小心。毕竟被它
们的大牙咬一下还是很疼的，还是
不去招惹它们为妙。

悉尼漏斗网蜘蛛

小档案

● 学名　悉尼漏斗网蜘蛛

● 体长　35mm

● 分布　先岛诸岛等地

被塔兰图拉毒蛛咬了也不会死

有些种类的蜘蛛会用后肢把屁股上的毛踢出去进行攻击！

墨西哥红膝鸟蛛

小档案

- 学名　墨西哥红膝鸟蛛
- 体长　60mm
- 分布　中美洲

华丽雨林巴布蜘蛛

小档案

- 学名　华丽雨林巴布蜘蛛
- 体长　60mm
- 分布　非洲

橙巴布

小档案

- 学名　橙巴布
- 体长　50mm
- 分布　非洲

笔者的经验之谈

真正可怕的是"蜇毛"

　　虽然被红玫瑰蜘蛛咬过后没有出现任何症状，但真正可怕的是过敏。有些被称作塔兰图拉的蜘蛛会将屁股上的毛踢出去，就像在踢腿一样。这种毛叫作"蜇毛"，会让人感到又痒又痛。在拍摄过程中我接触了塔兰图拉蜘蛛，被踢了毛，脖子周围针扎般刺痛、瘙痒、红肿，还发热，受了不少罪。

背着孩子的蝎子妈妈

① 胸部出生，之后移动到背上。

长掌异蝎

会一直背着孩子，直到它们能够独立

② 你看，逐渐爬到了背上。

注意剧毒！

③ 仔蝎在一次蜕皮后就完全变成成蝎的样子。

不错，乖宝宝~

小档案

● 学名　长掌异蝎

● 体长　12cm

● 分布　越南、马来西亚等地

父母都会保护自己的孩子，抚养他们长大成人。长相奇特、遭人嫌弃的虫子也不例外。它们甚至有些过度保护。

雄日拟负蝽背着卵四处游走直至孵化，以保护它们不受外敌侵害。蝎子和蜈蚣甚至会把幼虫背在背上，直到其独立生活。是不是对它们刮目相看了？

长到一定大小就有蝎子的样子了。

斑等蝎

吵吵闹闹的

小档案

- **学名** 斑等蝎
- **体长** 大约50mm
- **分布** 中国、日本等

宝宝孵化了！竟然挺可爱呢。

日拟负蝽

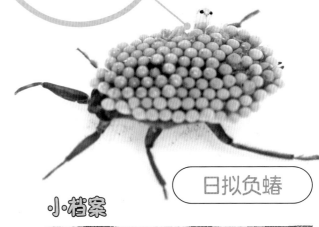

小档案

- **学名** 日拟负蝽
- **体长** 大约20mm
- **分布** 中国、日本、南美洲等

WOW!

在手指上的幼蝎。

马上就能独立生活！

魔王鞭蛛

小档案

- **学名** 魔王鞭蛛
- **体长** 大约40mm
- **分布** 非洲

 出生前。 ⇒ 马上要出来了。 ⇒

小档案

- **体长** 大约14mm

- **分布** 中国、日本等

鼠妇

破肚而出

鼠妇

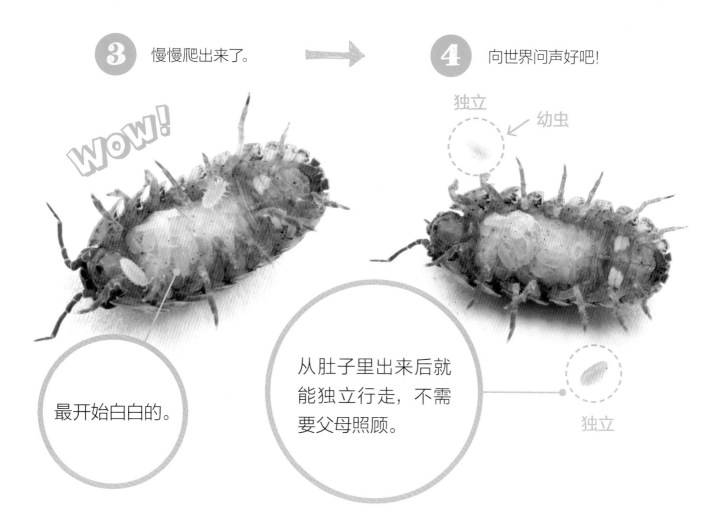

3 慢慢爬出来了。 → **4** 向世界问声好吧!

独立
幼虫
独立

最开始白白的。

从肚子里出来后就能独立行走,不需要父母照顾。

鼠妇是孩子们的最爱,以蜷缩身体保护自己而闻名。但若是在混凝土或瓷砖等平整地面上翻过身去,它们就无法翻回来了。所以如果看到了这样的鼠妇,请帮它翻回去。

如此可爱的鼠妇,繁殖的样子却让人不适……它们的卵是从雌性腿根部(内侧)的一层叫作"育囊"的膜中产生。孵化后一群奶油色的小鼠妇会接二连三破膜而出。那场面就像是啃食母亲的肚子一般,这种冲击力会给不知情的人造成心理阴影。

笔者的经验之谈

海蟑螂也会让人起鸡皮疙瘩

鼠妇和大王具足虫等虽然很有人气,但遭人厌恶的海蟑螂却是它们的近亲。海蟑螂繁殖时的样子和鼠妇相同,真是令人毛骨悚然……我竟然拍下来了。

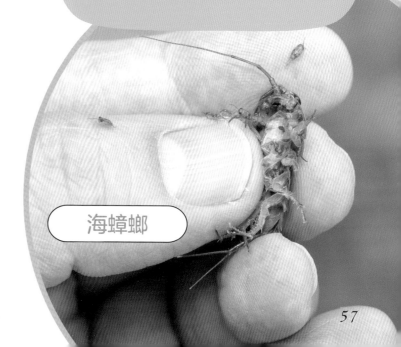

海蟑螂

注意观察蚱蜢的眼睛。它不是黑眼珠！

这里，就是看上去像是黑眼珠的地方

wow!

蝗虫

小档案

- 学名　小翅稻蝗
- 体长　30mm
- 分布　日本、中国、马来西亚等

58

小档案

- **学名** 狭翅大刀螳
- **体长** 80mm
- **分布** 中国、日本、朝鲜半岛等

有什么意见吗？

螳螂

笔者的经验之谈

无法和虫子对视

小时候去捉昆虫时，我总是尽量避免与昆虫对视。因为一旦对视，虫子就会逃走。于是我尝试诸如斜着接近，装作没看见的样子接近，或者特意从正面接近，抑或是装作看向远方趁机接近……这些方法看起来很傻是吧？但其实，我现在仍然用这样的傻办法接近昆虫。

直 视蚱蜢和螳螂时，它们会用黑黑的眼睛盯过来，让人感觉很可爱。

大多数昆虫都有两只复眼和三只单眼（也有甲虫等例外）。单眼主要用来感光，复眼用于识别形状，由数千到数万个管状的小眼组成。每个小眼末端都有一个"透镜"（晶锥），简单来说就如同望远镜一般。与人类的眼球不同，昆虫的复眼是具有相同结构的管状小眼的集合。

但我们看它们的复眼时，感觉它们还是像用黑眼睛在看我们！这也正常。复眼的工作原理是，当看向某物体时，只有管状的小眼直直地朝向这个物体。因此我们只能看到朝向我们的管状小眼的底部，看上去就像是黑色的瞳孔。虽然不是黑瞳孔，但确实是用眼底看向我们。

用脚听听声音

日本钟蟋

小档案

● 学名　亚洲飞蝗

● 体长　大约50mm

● 分布　亚洲

这里是"耳朵"！

WOW!

亚洲飞蝗

- **学名** 日本钟蟋
- **体长** 大约17mm
- **分布** 日本东北地区以南、中国地区等地

这个白点是"耳朵"！

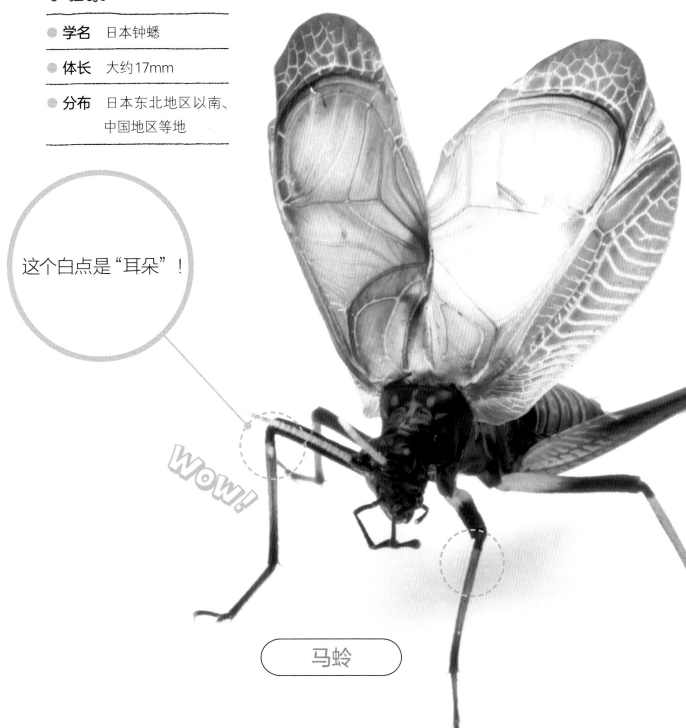

WOW!

马蛉

蟋 蟀和日本钟蟋通过翅膀摩擦发出声音。其发声的原因各不相同，比如恐吓捕食者或求偶等。它们会根据发声的原因改变声音，是一种复杂的交流方式。

但是"耳朵"（听器）在哪里呢？在它们的头上没有任何像耳朵的部位，所以看不出来。其实，蟋蟀一类昆虫的"耳朵"在前肢上。前肢上略微发白的位置就是"鼓膜"。

此外像亚洲飞蝗和中华剑角蝗这种不太发声鸣叫的蝗虫，也长了"耳朵"。但不知为何，它们的"耳朵"长在后腿根部。

身边常见，易捕捉，
但极其危险！

毒素进到眼睛里会导致失明！

芜菁

芜菁和豆芜菁在遇到危险时会分泌黄色的体液。这种体液中包含剧毒的"斑蝥素（芜菁素）"，接触到的话不仅会产生烧伤般的水泡等皮肤炎症，进入眼睛还有失明的危险。此外不小心进入口中的话，会导致反胃、呕吐或痢疾，严重时甚至会引发呼吸衰竭而死亡。对于一个成年人而言，其致死量为0.01～0.08g，对于什么都放进嘴里的婴儿来说，即使只有一只也是极其危险的。

笔者的经验之谈

那孩子莫非曾是忍者？

豆芜菁以各种植物叶子为食，数量众多。芜菁也常在地上爬来爬去，是一种在公园就能见到的昆虫。它们行动缓慢，容易捕捉，小孩子也会经常遇到它们，因此必须小心谨慎。

有次我看到一个大概上幼儿园的孩子拎着的昆虫箱里塞了好几只豆芜菁，便马上叫住了他的母亲，向他们说明了这种昆虫的毒性。

忍者的挚爱！
小心芫菁
的毒素！

小档案

- 学名　芫菁
- 体长　大约20mm
- 分布　中国、日本等

中国古代会将这种毒做成芫菁粉。也有说法称日本的忍者也会将芫菁粉作为毒药使用，要小心啊。

虽然经常看见，但是要当心。

WOW!

豆芫菁

小档案

- 学名　豆芫菁
- 体长　大约15mm
- 分布　中国、日本等

你 听说过栉蚕这种动物吗？它属于动物界有爪动物门栉蚕纲栉蚕目栉蚕科，身体扁平，有着无数条圆圆的短腿，身体表面质感如同天鹅绒般，长着一对触角，眼睛长在根部，身长大约5cm。有不少人觉得它奇特的样子令人不适。但也有些人将它比作可爱的毛毛虫，因而颇有人气。

它从嘴边还能发射某种黏液线形成的半透明栉蚕射线！栉蚕用这个"射线"瞄准并袭击猎物，使其动弹不得，但往往瞄得不太准。

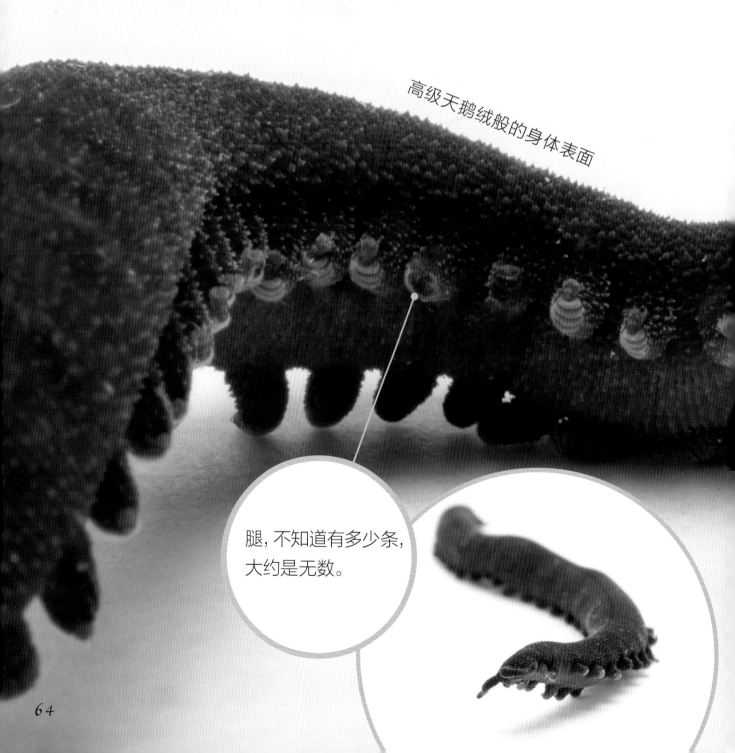

高级天鹅绒般的身体表面

腿，不知道有多少条，大约是无数。

会发射黏液让猎物无处可逃?!名为

栉蚕 的神秘动物

黏糊糊的射线

WOW!

栉蚕

瞄准猎物进行攻击，但经常射歪。真可惜!!

小档案

● 学名 栉蚕

● 体长 大约5cm

● 分布 非洲中部、马来半岛、美洲中部、澳大利亚、中国

WOW!

混凝土好吃！

最喜欢混凝土中的钙了。

蜗牛

蜗牛最爱混凝土

混凝土好吃！

下 雨天经常能见到蜗牛，不仅是在绣球花等植物上，在混凝土围墙上也经常见到它们。蜗牛爬墙不只是因为墙在它的爬行路线上，也为了摄取混凝土中包含的钙质，它们会"吃"混凝土。

小档案

● 学名　三条蜗牛

● 体长（壳径）　大约35mm

● 分布　分布广泛

不要盯着我看……

笔者的经验之谈

可能在叶子里？

蜗牛是出了名的越找越没有。平常经常能够见到它们，特意摄影时却怎么也找不到。这种时候，不要去大叶子上或感觉一定会有的地方寻找。空气湿度高时，在落叶上，或者低矮的叶子里找找看吧。

白银斑蛛

打扰啦!

这张蛛网上有
7只白银斑蛛!

笔者的经验之谈

一无所知真可怕

　　不知道白银斑蛛的时候，我曾把它错认为络新妇。实际上，雄络新妇非常小，寄住在大的雌络新妇蛛网上，等待交配的时机。从生活方式上来看两者确实很相似，但仔细观察会发现，二者颜色和外表都完全不同……一无所知真是可怕啊。

真正的寄食者！
白银斑蛛

小档案

- **学名**　拟红银斑蛛
- **体长**　大约4mm
- **分布**　中国、日本等

这　种红色的小蜘蛛寄居于络新妇或大木林蜘蛛（斑络新妇）的网上。当主人开始吃困于蛛网上的昆虫时，它们就会迅速溜到附近，靠窃食为生。住宿和吃饭都在别人家里……不愧是寄食蛛。而且通常同一个蜘蛛的网上会有多个寄食者。该说它们是厚脸皮呢，还是聪明或者顽强呢……

熊蜂因为相信自己能飞才会飞？

熊蜂飞行时翅膀嗡嗡作响，还有着庞大的身体，看上去很吓人，但其实熊蜂一般是没有攻击性的。它是一种非常温顺的蜜蜂科昆虫。

过去从空气动力学角度来看，熊蜂臃肿的身体是无法飞起来的。因此熊蜂能飞的原因一直是个谜，人们认为它能飞是因为它相信自己能飞。

现在将空气黏度也纳入计算范围内后，熊蜂的飞行方法得到了证明。

熊蜂

看，我能飞。

小档案

● **学名** 熊蜂

● **体长** 大约22mm

● **分布** 分布广泛

蜜蜂 为了生产一勺蜂蜜而拼尽一生

蜜蜂

小档案

- 学名　蜜蜂（西方蜜蜂）
- 体长　大约13mm
- 分布　分布广泛

笔者的经验之谈

被蜜蜂蜇的故事

被蜜蜂蜇过真是个美好的回忆。
但我小时候没有被蜜蜂蜇过。

从春到秋，每次放学回家，我都会骑着自行车到附近的森林或湿地去寻找动物，但不知为何没有被蜇的经历。

我甚至羡慕起大家被蜜蜂蜇这件事。长大后，我终于也被蜜蜂蜇了，感觉只是被叮了一口。我也被长脚蜂蜇过，也只是肿了一点点……

写成文字看上去很悲哀吧。蜜蜂那么尽力地采集花蜜，穷尽一生，成果也只有一勺子蜂蜜……日复一日努力工作的我，一生的收入也只有……不小心就跟蜜蜂产生了共鸣。拼命工作采集花蜜的工蜂寿命约有1个月，由于出生后有一段时间无法采集花蜜，所以真正的工作时间大约是20天。它们用那么小的身体，20天收集了一勺子量的花蜜。而且这是精加工后一勺蜂蜜的量，如果加上水分，一只工蜂每天用身体带回的量，恐怕要成倍增长吧。

不觉得很了不起吗？

松桥专栏3

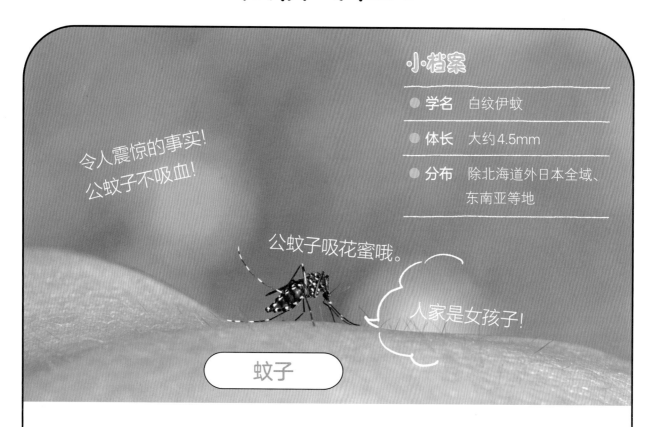

小档案

● 学名　白纹伊蚊

● 体长　大约4.5mm

● 分布　除北海道外日本全域、东南亚等地

令人震惊的事实！
公蚊子不吸血！

公蚊子吸花蜜哦。

人家是女孩子！

蚊子

女吸血鬼的真实面貌是蚊子

　　蚊子经常围在人的周围，发出嗡嗡的声音，寻找吸血的时机。它们对人呼出的二氧化碳等的气味非常敏感，尤其对腿情有独钟。被蚊子叮过后会很痒，烦人得很。

　　之所以觉得痒，是因为蚊子会向人体中注射麻醉成分和凝血抑制成分。蚊子、蚋、糠蚊等大多数吸血的虫子实际上都是雌性，因为血液能够成为其产卵的营养来源。那么雄性或者其他不吸血的雌性"吃"什么呢？答案是花蜜。

　　在野外拍摄动物时，吸人血的除了蚊子和蚋外就是山蛭了。山蛭雌雄同体，吸了血就能产卵。蚊子和山蛭在为繁衍而吸血这一点上是一致的。山蛭令人讨厌的地方在于，人被它咬后会血流不止。和蚊子一样，它们也会注射凝血抑制成分，但不同点在于蚊子是用细针状的"嘴"吸血，而山蛭是咬破皮肤再吸血，所以一旦把蛭拔出，就会血流不止。

山蛭

喝了我的血，涨得鼓鼓的。

第 *4* 章

海洋动物 小知识

大海或河流里的动物，

从外表到生态特点都很不可思议呢！

章鱼的「头」其实是身子

章鱼聪明又灵活,是"越狱"高手。只要水箱没关好,它们必定会溜走。即使"教育"它们水箱外没有水,可能会死,也无济于事。

头

这里是身体

章鱼

章鱼有九个大脑,其中八个是用来控制触腕动作的。

小档案

● 学名	中华蛸
● 体长	60cm
● 分布	亚洲广域沿岸等地

不知是不是因为许多章鱼的动漫形象都戴着头巾的缘故，有很多人认为戴头巾的部位就是章鱼的头。

实际上这个部位是章鱼的身体，眼睛附近才是它的头。章鱼的嘴巴长在头部的下面，触腕根部的中央。也就是说，章鱼圆圆的身体下面是脑袋，触腕从脑袋附近长出来。

章鱼这种奇妙的身体构造是有原因的。首先，其庞大的身体中除了消化器官等内脏外还有三个心脏。其中一个心脏与其他动物相同，负责供应血液。另外两个心脏在鳃部，需要迅速活动触腕时，负责供应消耗掉的大量氧气。

此外，还有一个令人震惊的事实是章鱼有九个大脑。其中一个是中央大脑，另外八个……看到数量一定就有人猜出来了。是的，剩下的八个分布式大脑分别位于触腕的根部，是中枢神经的集合。中央大脑发出的指令由触腕处的分布式大脑传达，各个触腕独立"思考"并行动。

也就是说，数量不同寻常的大脑和心脏都是为了让触腕更易于活动而存在的，而章鱼的身体构造是以触腕为中心的。

章鱼经常蜕皮，让身体表面焕然一新，因此吸盘的吸力不会下降。

笔者的经验之谈

天才章鱼传说

章鱼不仅聪明，眼神也很好，有时会模仿人的行为。只要看过一次，自己就可以灵活地打开盖子取食物。在饲养时，如果总是从水箱角落等同一个地方喂食的话，只要主人一靠近水箱，它就会从那个地方伸出触腕，用一副"是来喂食的吧？"的表情看过来，非常可爱。

海胆的这里是腿吗？

小档案

● 学名　粒皮瘤海星

● 体长（从身体中心到腕边缘）　大约8cm

● 分布　生活在热带水域，印度洋、太平洋等

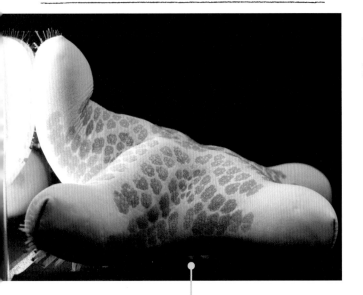

腿好粗！

小档案

● 学名　紫海胆

● 体长（壳径）　5cm

● 分布　日本、中国等

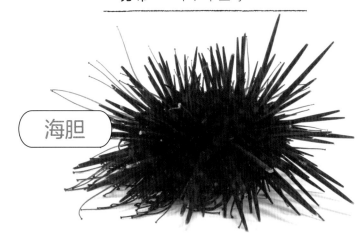

海胆

海 胆长着无数条带刺的"腿"吗？你是不是认为多棘海盘车有五条"腿"，而尖棘筛海盘车有七条及以上的"腿"？

　　实际上，虽然看上去这些部位很灵活，像是在靠它们移动一样，但那并不是用来移动的"腿"。

　　真正用来移动的是"管足"。海胆的管足长在棘刺之间，海星的管足长在腹面。它们靠无数这种短小的管足走路。

顺带一提，这里是腕

海星

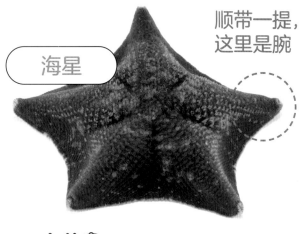

小档案

● 学名　海燕海星

● 体长（从身体中心到腕边缘）　大约5cm

● 分布　中国、日本等

这里是腿。到底有多少条……不清楚！

这个红色的是眼睛。据说长在腕的顶端。

这是腿。1, 2, 3……数不清！

趣闻 眼睛长在端部

海星一般没有大脑或血液，但它们有眼睛！它们的眼睛长在每只腕的顶端，能够感知光线。

75

大王具足虫

五年不进食也可以存活的「外星生物」

冷酷的帅哥！有种幕后大佬的感觉。

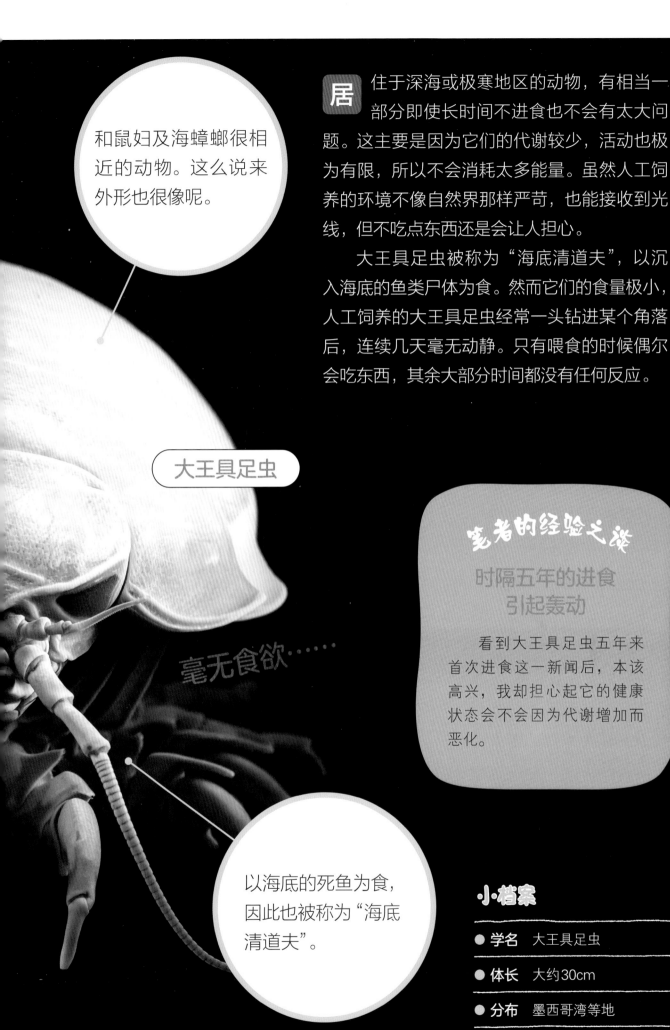

和鼠妇及海蟑螂很相近的动物。这么说来外形也很像呢。

大王具足虫

毫无食欲……

以海底的死鱼为食，因此也被称为"海底清道夫"。

居 住于深海或极寒地区的动物，有相当一部分即使长时间不进食也不会有太大问题。这主要是因为它们的代谢较少，活动也极为有限，所以不会消耗太多能量。虽然人工饲养的环境不像自然界那样严苛，也能接收到光线，但不吃点东西还是会让人担心。

大王具足虫被称为"海底清道夫"，以沉入海底的鱼类尸体为食。然而它们的食量极小，人工饲养的大王具足虫经常一头钻进某个角落后，连续几天毫无动静。只有喂食的时候偶尔会吃东西，其余大部分时间都没有任何反应。

笔者的经验之谈

时隔五年的进食引起轰动

看到大王具足虫五年来首次进食这一新闻后，本该高兴，我却担心起它的健康状态会不会因为代谢增加而恶化。

小档案

- **学名** 大王具足虫
- **体长** 大约30cm
- **分布** 墨西哥湾等地

什么声音？

胆小的红腹水虎鱼（食人鱼）

红腹水虎鱼

不管是打开门，还是有人从水箱前经过，都会吓它们一跳。

小档案

● **体长** 大约30cm ● **分布** 亚马孙河等地

掉 进亚马孙河里会被食人鱼吃掉——食人鱼给人如此强烈的印象。实际上它们也确实对血腥味很敏感，一旦进入兴奋状态，就会群体出击，用锋利的牙齿撕咬猎物，因此可以说与印象完全相符。但同时，它们是非常胆小而可爱的鱼。

或许正是因为它们胆小，所以有着与体形大小相仿的同类群居生活的习性，不会进行大规模的迁徙，只在固定的水域活动。看吧，是不是很可爱？

笔者的经验之谈

也太胆小了吧！

我从小就经常捕捉并喂养一些小动物，而我第一次养的热带鱼就是红腹水虎鱼（大概在小学五年级的时候）。因为我总爱盯着鱼缸看而不学习，父母要求鱼缸必须放在玄关的鞋柜上作为我养鱼的条件。我兴奋地将它们从宠物店带回家，放进鱼缸里，开心到一直盯着看，甚至忘了鱼缸放在玄关的初衷。但是因为放在了玄关，每当有人经过或者灯亮起时，红腹水虎鱼就会吓得撞到缸壁上。我觉得它们太可怜了，于是说服了父母，把鱼缸搬到了自己的房间。

会发光的水母其实不是自主发光

在水母中，有些种类能发出像霓虹灯一样闪亮的光。但这些水母并不是自主发光的。它们通过摆动被称为"栉板"的纤毛来游动，而光只是照射在纤毛上后发生了反射而已。

能自主发光的墨绿多管水母则是通过发光蛋白质自行发光。像多指鞭冠鮟鱇一样，通过与发光细菌共生而实现自主发光的动物也不在少数。

这部分就是"栉板"。水母用这个自由地游动。

水母

悠闲自在……

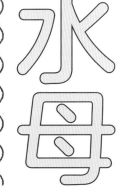

小档案

● 学名　兜水母（栉水母）

● 体长　10cm

● 分布　日本近海

79

小丑鱼

我要成为雌性！

眼 斑双锯鱼（小丑鱼）因为某部电影而大受欢迎。它们与海葵是共生关系（共同生存），因对海葵触手具有抵抗性而闻名。但在性别方面，它们还有一个有趣的特点。

实际上，小丑鱼的性别并不是固定的。首先，在一群共同生活的鱼群中，体形最大的鱼成为雌性，第二大的鱼成为雄性，两者进行繁殖。最大的鱼死后，第二大的鱼竟然会从雄性变成雌性，而体形大小再次之的鱼则会变为雄性。真是令人惊叹。

小档案

● 学名	眼斑双锯鱼（王子小丑鱼、公主小丑鱼）
● 体长	大约20cm
● 分布	日本国内分布于奄美大岛、冲绳等地

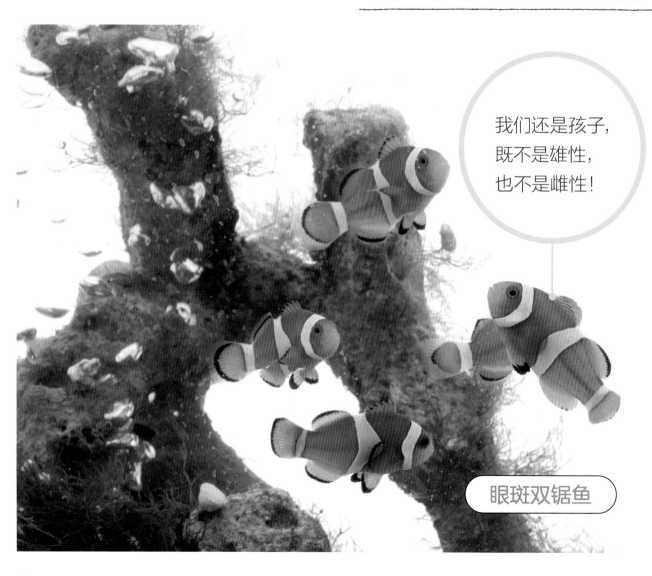

我们还是孩子，既不是雄性，也不是雌性！

眼斑双锯鱼

小档案

- **学名** 粗腿绿眼招潮蟹
- **体长（壳径）** 大约1.5cm
- **分布** 亚热带、热带海洋

两只都是雄性。雌性的钳子没那么大。

我是左撇子。

实际上，雄蟹的这只大钳子在左边还是在右边，根据种类不同，并不确定。即使是同一种类，也分左撇子和右撇子。

招潮蟹

我是右撇子。

笔者的经验之谈
左撇子和右撇子的区别

我对左撇子多还是右撇子多感到十分好奇，便观察了清白招潮蟹。根据几天的观察情况来看，右撇子似乎更多一些。对于拳击手及棒球投手来说，左撇子稍有优势，但招潮蟹争斗时，似乎没有哪一方占据明显优势。因此区分左撇子和右撇子似乎没有太大的意义。

招 潮蟹只有一只大钳。在退潮的海滩上，它们挥舞着巨大的钳子，仿佛在招呼快点涨潮一样，所以被称为"招潮蟹"。这种挥舞钳子的动作被称为"环绕运动"（circular waving），是雄性向雌性的求爱行为。也就是说，只有一只大钳的是雄性。雌性的钳子并不大。

招潮蟹的惯用手

这对圆圆的眼睛，可以看到人类看不到的东西！

亮闪闪

大海最强拳击手
雀尾螳螂虾

长在这附近的掠足能够做出非常有力的捶击！

雀尾螳螂虾外表颜色丰富，眼睛突出，长相帅气，但其实它们有着可怕的另一面：它们的"拳头"颇具破坏力，是大海最强拳击手。

这种迅速踢出"掠足"的能力本来是为了打破贝壳获取食物。但令人疑惑的是，它们的出拳速度是职业拳击手的两倍（时速约80km/h），仅仅为了打破贝壳，有必要这么快吗？

另外，它们的眼睛也很了不起。这对突出的眼睛具有惊人的视力，不仅分辨颜色的能力是人的十倍，还能看到人眼所看不到的东西。

它的划水能力如同人类的扑踢拍水一般!能够在水中优雅而华丽地自在游动。

小档案

- **学名** 雀尾螳螂虾
- **体长** 大约15cm
- **分布** 东南亚、印度洋等地。在日本分布于相模湾以南

雀尾螳螂虾

银线弹涂鱼

不喜欢待在水里的

明明是鱼却

噗哈——

银线弹涂鱼

正在含着水呼吸

栖 息于红树林等地方的银线弹涂鱼，经常在水边的沙地以及红树的根部等陆地上生活。当然，它们属于鱼类，会因为干燥而死亡，所以无法完全离开水。在受到惊吓后，它们会钻入水中躲避，但很快又会回到陆地上。

包括一跳一跳的行走姿势在内，它们的很多习性都很像是两栖类动物。为什么明明是鱼，却能在陆地上生活那么久呢？原因在于它们皮肤的呼吸能力比鳃更强。据说它们用鳃呼吸占比只有不到30%，通过皮肤呼吸摄取氧气占据总呼吸的70%以上。在鳃呼吸时，也是通过嘴里含着的水经由鳃摄取氧气，所以它们更适合在浅水区域生活。

小档案

● **学名** 银线弹涂鱼

● **体长** 大约22cm

● **分布** 东南亚、印度洋等地。在日本分布于相模湾以南

也有人把它们当作宠物饲养，但长时间饲养并不是件容易事。

虽然是鱼，但比起鳃它们更习惯用皮肤呼吸。

花园鳗

传说中的治愈萌神

花园鳗

有时外出游玩的花园鳗经常会因争抢地盘而被对方追得"抱头鼠窜"……真是可怜啊。

花园鳗萌萌的大眼睛!

小档案

- 学名 花园鳗
- 体长 约35cm
- 分布 中太平洋西部水域

冰海天使

但认真起来会变成这样的
有着可爱的脸蛋，

用六根触手捕食猎物的珍贵瞬间！

看招——

冰海天使

捕食场景像是恐怖电影，好可怕！

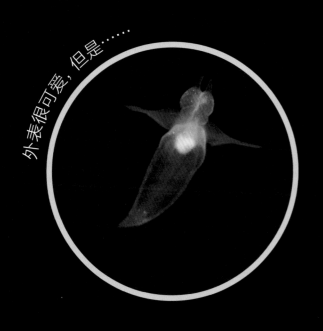

外表很可爱，但是……

裸 海蝶属于北海道沿海地区能见到的螺类动物的一员。正如其名称"裸海蝶"一样，成体没有壳，全身裸露。

裸海蝶游泳时如飞舞一般轻柔，看起来非常可爱，所以一跃成为人气角色，被称为"冰海天使"，但它捕食画面的可怕程度也一度成为话题。

裸海蝶的食物是一种叫作蟠虎螺的浮游型螺类动物。只要感知到蟠虎螺的气味，可爱的冰海天使就摇身一变，从头部伸出六根触手，朝着气味的方向发动猛烈攻击。

沙丁鱼
自带感受器？

这就是沙丁鱼的感受器！并不是普通的花纹。

小档案

● 学名　远东拟沙丁鱼

● 体长　大约20cm

● 分布　除冲绳以外的日本全域

沙丁鱼

水族馆里沙丁鱼的表演很受欢迎。

　　但是，这么一大群鱼如此快速地游动，不会彼此相撞吗？沙丁鱼（日语发音为iwashi）因其体表鱼鳞过于脆弱（日语发音为yowashi）而得名，所以更加令人担心。

　　其实，沙丁鱼体侧的圆点是一种被叫作"神经丘"的感受器官，这些神经丘构成侧线系统，再加上眼睛和内耳，就能感知周围的情况，在游动时不会撞到同伴。

松桥专栏4

横纹

小档案

- **学名** 条纹豆娘鱼
- **体长** 大约20cm
- **分布** 日本、澳大利亚等地

小档案

- **学名** 蛇首高鳍虾虎鱼
- **体长** 15cm
- **分布** 日本的北海道到九州

条纹豆娘鱼

蛇首高鳍虾虎鱼

"横纹"是"竖纹","竖纹"是"横纹"。
——关于鱼纹的故事

请将鱼竖起来，再看它的条纹。也就是说，平时游动时是竖条纹的，其实是横条纹。游动时是横条纹的，其实是竖条纹。

耳带蝴蝶鱼

细刺鱼

竖纹

小档案

- **学名** 耳带蝴蝶鱼
- **体长** 20cm
- **分布** 日本的千叶到冲绳

小档案

- **学名** 细刺鱼
- **体长** 20cm
- **分布** 日本沿岸等地

第5章

蛙类动物小知识

不喜欢蛙类？

怎么可能？！

快来了解更多有关蛙类的知识吧！

蛙类
用肚子喝水

在一些国家的纪念品店经常能见到蟾蜍钱包，用的就是这种蟾蜍。这可能是这种厚皮外来物种的末路吧。到底谁会买呢？

海蟾蜍

小档案

- 学名　海蟾蜍
- 体长　大约15cm
- 分布　在日本分布于石垣岛和小笠原诸岛等地

WOW! 咕咚咕咚……

蛙 类在卵至幼年（蝌蚪）阶段都生活在水里，经历变态发育的同时来到陆地上，开始陆上生活。但多数品种的蛙类不耐干燥，其生境中必须有水。

野外的环境十分"艰苦"，有时长时间不下雨。这时如果下一场雨，它们就会来到马路上。究其原因，是由于干燥的土地会迅速吸水，而柏油马路可以暂时形成一些水洼。

你是否在想，这么浅的水洼该如何饮水？其实，蛙类并不是用嘴咕咚咕咚地喝水，而是通过皮肤渗透吸收。它们只要将肚子贴在水洼中，就能够吸收水分了。

啊！口渴了……

笔者的经验之谈

死也要喝水！

日本西南诸岛的蛙类没有冬眠的习性，所以全年都能见到。但若是一段时间持续不下雨，就见不到它们的身影了。这个时候，如果下一场骤雨，它们就会布满马路，车辆很难避让。它们为了补充水分，将肚子贴在马路上，似乎传达出一种"就算死也要喝水"的意志。因为路上的蛙类一般不会躲让，在雨夜行车时一定要小心，要避开它们行驶哦！

日本树蛙

蛙类

眼睛好用但视力不好

蛙类能捉到苍蝇、蚱蜢等行动敏捷的昆虫，所以大家经常认为它们的视力很好。但其实，它们的视力只适合捕捉会动物体的影像，对静止的物体并不敏感。由于无法识别静止的物体，它们能够更加精准识别会动的猎物并迅速做出反应，这对捕食而言相当有利。

蛙类的视力好坏与人眼的焦距调节不同，并不取决于能否清晰地看清物体。此外它们的眼睛还能适应黑暗，在暗处也能分辨颜色。虽然蛙类的视力不分好坏，但从人类无法在黑暗中识别颜色这一点看，还是它们的视力更好。

小档案

学名	蜡白猴树蛙	
体长	大约7cm	
分布	南美洲等地	

好吃——

WOW!

蜡白猴树蛙

它吃蟋蟀的样子像是用手拿着吃。虽然很可爱，但也有点可怕？！

趣闻　什么都往嘴里放

大多数蛙在猎物进入自己的攻击范围后，都会张开大嘴，伸出带有黏性的短舌，将猎物粘在舌头上防止逃跑，并一口吞下。然而在野外，没有那么多能够当作食物的昆虫，所以它们会扑向任何移动的东西。如果不是食物，它们就会发出"哕～"的声音并吐出来。

箭毒蛙的神经毒素大约分为三种。土著人会将箭毒蛙的毒液涂在箭头上以射杀猎物，箭毒蛙由此得名。其中，金色箭毒蛙毒液中的箭毒蛙碱具有很强的毒性，可以杀死大型动物。

它们的毒素基本都在背部的皮肤中，但这些毒素不是自己产生的，而是从食物中获取的。它们通过进食有毒的昆虫来积攒毒素。因此在饲养时持续喂食果蝇或蟋蟀的话，箭毒蛙的毒性也会逐渐变弱。

因为青蛙几乎不会袭击人类，所以不需要过于害怕。

有传闻说人碰到箭毒蛙就死，或者它们的毒液会飞溅，其实只要箭毒蛙的毒素没有进入人的体内就不会有问题。

背后有毒

金色箭毒蛙

小档案

- **学名** 金色箭毒蛙
- **体长** 3～4.5cm
- **分布** 哥伦比亚

宠者的经验之谈

如果当作宠物饲养要小心哦！

近年来在日本作为宠物出售的箭毒蛙，大部分是国内外人工培育的个体，而非野生箭毒蛙，从未食用过有毒昆虫，所以基本没有问题。不仅是箭毒蛙，蛙类为了防止皮肤干燥，其分泌物都具有一定毒性。如果手上带伤触碰它们的话，伤口处会感到刺痛；用这样的手揉眼睛的话，眼睛会疼得半天无法睁开。因此在接触蛙类时，我们一定要小心。

不要小瞧金色箭毒蛙的毒性

为了留下后代而变丑的 蛙类

通常状态

日本蟾蜍蛙

变得皱巴巴的皮肤

繁殖期

小档案

● 体长　3 ~ 5cm

● 分布　日本的本州、四国、九州

蛙类并不像大家想象的那样一直生活在水中。

日本蟾蜍除了繁殖期以外，主要在森林等陆地地区生活。日本雨蛙多数时间也待在草地上。虽然它们生活在潮湿的环境中，但并不是长时间待在水里。

它们一年中最需要水的时候是产卵期。一到繁殖期，为了等待雄性和产卵，它们会在水里待较长时间。由于需要通过皮肤呼吸汲取水中的氧气，为了增加表面积，它们的皮肤会变得皱巴巴的。此时不仅外观有所改变，皮肤的质感也有所变化。

笔者的经验之谈

我也变成青蛙了

每年到了蛙类的繁殖期，我都会收集有关天气的各种信息，以便为摄影做准备。到了拍摄的时候，我会穿上长及胸部的胶皮连体裤，也变得"皱巴巴"的……可以说到了蛙类的繁殖期，我也变成了适合在水边生活的模样。

wow!

其中也有到了繁殖期就变得胖胖的蛙！

有种蛙被叫作玻璃蛙。

它们是主要栖息于中南美洲的一种透明的树蛙。它们通常只有2~3cm长，白天紧紧贴在叶子上，夜晚出来活动。

为什么叫它们玻璃蛙呢？看看它们的肚子就能理解了。

是的！它们的皮肤非常薄，透明到可以看见内脏。

那么，为什么它们的肚子这么透明呢？

有种解释是这样不容易被敌人发现。但它们只有肚子是透明的，从背部看与其他树蛙无异。不过它们很擅长隐藏自己，即使贴在叶子上，背部暴露在外的情况下，也能做到几乎不被发现。在我看来，也许是因为身处森林里，所以很难被发现……但是，透明得能看到内脏，真是种非常有趣的动物。

玻璃蛙

透明到能看到内脏的

wow!

玻璃蛙

像摆件一样可爱。

部分水族馆也有展览，但如果它不贴在玻璃上的话，就不太能看得清。

小档案

● 体长　大约3cm

● 分布　中南美洲等地

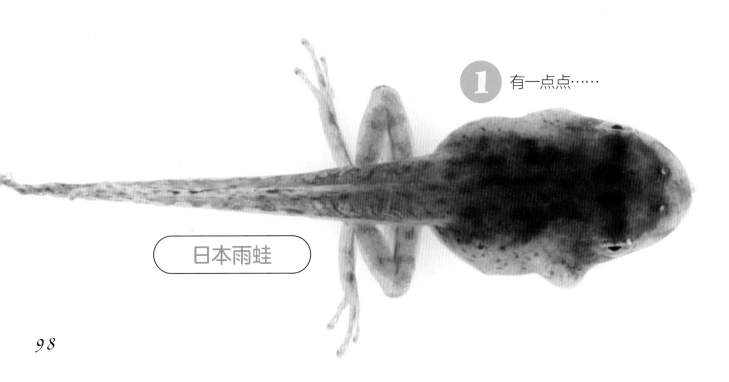

蝌蚪在变态发育时
前腿是皮肤裂开
直接长出来的

蛙类的幼体（蝌蚪）在发育过程中，身体逐渐变大，长出四条腿，尾巴消失，发育成蛙，这个过程叫作"变态发育"。为了从水中来到陆地上生活，不仅外观发生变化，呼吸方式也从鳃肺混合呼吸变为以肺呼吸为主，皮肤变得干燥强韧，嘴巴从小而圆变成大而宽……身体构造发生了巨大的改变，是个非常重要的时期。这是小学科学课上学过的内容，大家应该还都记得吧！

蝌蚪先长出小小的后腿，并逐渐长大。你知道它的前腿是如何出现的吗？似乎没有见过像后腿那样小的前腿吧！

其中的秘密是：前腿先在皮肤下生长，在长成完整的前腿后，开始慢慢蠕动起来。然后……前腿会撕破皮肤，突然间冒出来。有点可怕，对吧？

1 有一点点……

日本雨蛙

趣闻 从小圆嘴变成大宽嘴

苔藓蛙

在蝌蚪时期，它们长着方便刮掉苔藓的小嘴巴。但成为成蛙后，为了方便吞食，它们的嘴变得又大又宽。这个从小嘴巴变成大嘴巴的过程也非常有趣。四肢都长齐后，嘴角会稍微向两侧扩张。随着时间的推移，样子会越来越像蛙类，并且它们会重复类似打哈欠的动作。慢慢地嘴巴就会像裂开一样变大。请注意观察这个变化！

3 好的，完美！

2 一下子长出来。

唰

注意这里！

日本雨蛙

WOW!

啪

我拍到了蛙类"变态发育"的关键时刻！！

99

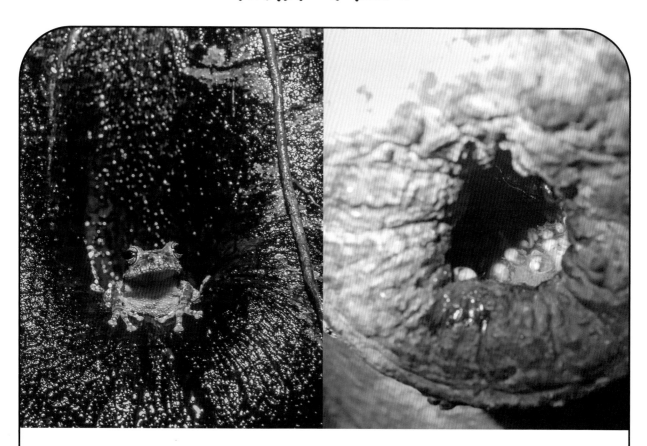

会守护着卵直至孵化的育儿方式

　　多数蛙类在进入繁殖期后会聚集在水边，雄蛙跳到雌蛙的背上，牢牢抓紧雌蛙的两腋。在雌蛙产卵的同时，雄蛙会一边磨蹭着双脚一边让卵受精。大部分种类的蛙在产卵后都会直接离开，任由受精卵块（卵的集合体）在水中孵化成一个个小蝌蚪，独自生活下去。但实际上，也有一种蛙充满了母性，会一直守护着卵直至孵化。这种蛙就是生活在日本先岛诸岛的琉球原指树蛙。

　　琉球原指树蛙会在存水的树洞里产卵，并在那里生活到蝌蚪们能够到陆地上定居。但因为在小小的树洞中很难获取食物，所以琉球原指树蛙的雌蛙还会产下一些无精卵作为食物。雌蛙用这些无精卵养育蝌蚪，在蝌蚪走上陆地前的一个月内，雌蛙会多次来产卵。

蛙类的生命力极为顽强

　　在寻找树蛙的过程中，我感到适合琉球原指树蛙产卵环境的树木正在减少。多年来我一直在同一个树洞中观察它们，但由于公园需要整修，那棵树被砍掉了……

　　树洞需要适度积水，所以条件相当苛刻。不过现代的琉球原指树蛙学会了用水桶育儿。我们普遍认为树蛙很弱小，如果环境不完备，它们的数量就会逐渐减少。但事实上，它们不会因为环境的微小变化就灭绝。

第6章

鸟类小知识

光是看着都会幸福，

自由的鸟类世界。

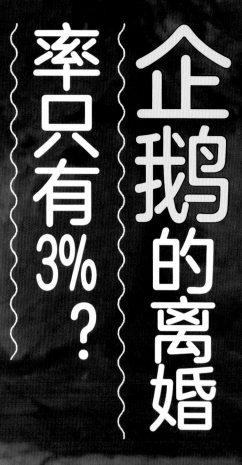

企鹅的离婚率只有3%？

 **繁**殖期间，企鹅之间经常出现这样的现象：两只企鹅找了同一个配偶，或者不断攻击"出轨"对象等。媒体也经常报道企鹅间的这些爱恨情仇，想必不少人都知道吧。

实际上麦哲伦企鹅夫妇间的关系是最为牢固的，"离婚率"只有3%。在水族馆里成功配对后，它们就会被分到禁止单身企鹅进入的单间。简直和人类一模一样。这是确保它们能够安心产卵、孵化和育雏而采取的措施。

得和邻居打个招呼。

哎，晚上好！

wow!

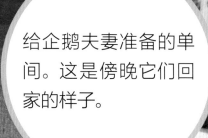

给企鹅夫妻准备的单间。这是傍晚它们回家的样子。

我们一直在一起！

小档案

● 学名　秘鲁企鹅

● 身高　大约74cm

● 分布　智利、秘鲁等地

企鹅的声音很粗犷，很大声哦！

秘鲁企鹅

笔者的经验之谈

与企鹅更加亲近

　　我还在做饲养员时，有前辈一直致力于秘鲁企鹅的人工饲养。由于日本国内鲜有关于其繁殖的数据，他们参考国外的论文，把蛋放入孵化器中，每天摸索转蛋的频率。对于已经孵化出来的幼鸟，他们每天用注射器多次喂食研磨过的碎鱼等……水族馆的任务不仅是向大家展示这些生态，还肩负着物种保护这项重要工作。

是什么来着？
就是那个……

鸵鸟

脑子比眼睛还小的鸵鸟

wow!

驼鸟有着一双圆溜溜的眼睛，非常可爱。它们的视力也很好，能够看到10km以外的地方。但它们虽然身高2m，体重超过100kg，却能以每小时60km的速度，持续奔跑一个多小时。它们放弃了飞行，专注于奔跑，真是了不起的动物。

但是，近年来，比起驼鸟的优点，人们更喜欢强调驼鸟的脑子小。因为我很喜欢驼鸟，所以对此深感遗憾。

它们的大脑确实很小，只有40g。而它们的眼球却有60g（难怪那么可爱），所以它们其实非常健忘。

大脑40g，
眼球60g！
但是很可爱！

忘记所有不愉快的事，享受自由！

小档案

学名　驼鸟

身高　大约200cm

分布　非洲中南部

呃，我家宝宝是凤头鹦鹉吗？

小档案

● 学名　玄凤鹦鹉
● 体长　大约30cm
● 分布　澳大利亚

这是"羽冠"。有这样像冠一样羽毛的是凤头鹦鹉。

是吧……

我是凤头鹦鹉吗？

玄凤鹦鹉

106

玄 凤鹦鹉是凤头鹦鹉科。玫瑰凤头鹦鹉同样也是。非洲灰鹦鹉则属于鹦鹉科。金刚鹦鹉体型庞大，看上去像是凤头鹦鹉科，但其实不是。简单来讲，有"羽冠"的是凤头鹦鹉科，没有的是鹦鹉科。

鹦鹉科的鹦鹉头部圆润而饱满，色彩鲜艳，而且大多数体型小巧。凤头鹦鹉科的鹦鹉有羽冠，体型较大，多数品种的颜色更为朴素。难以分辨的仅有几个种类，实际上也并不那么复杂。

此外，鹦鹉科有332个品种，而凤头鹦鹉科只有21种。

凤头鹦鹉科

玫瑰凤头鹦鹉

小档案

● 学名　玫瑰凤头鹦鹉

● 体长　大约35cm　● 分布　澳大利亚

非洲灰鹦鹉

鹦鹉科

小档案

● 学名　非洲灰鹦鹉

● 体长　大约33cm

● 分布　非洲中西部

笔者的经验之谈

是玄凤鹦鹉的错呢

基本上，让这个问题变得复杂的是玄凤鹦鹉。它很受欢迎，许多人都在饲养它。其中大部分人对这类动物并没有太多了解，只是喜欢玄凤鹦鹉而已。对于这些人来说，是凤头鹦鹉科还是鹦鹉科这件事并不重要。

鹦鹉科

黄蓝金刚鹦鹉

小档案

● 学名　黄蓝金刚鹦鹉

● 体长　大约80cm　● 分布　南美洲

鸟的膝盖实际上是脚后跟？

仔 细观察鹭等体大腿长的水鸟时，你会不会惊奇地说："啊，它们的膝盖是反折的！"实际上反折部分是它们的脚后跟。它们的膝盖长在连接身体的根部。用人来打比方，就是从腿根到膝盖这截"股骨"长在身体内部。这样说是不是就容易懂了？

小档案

- 学名　苍鹭
- 体长　75～100cm
- 分布　非洲、印度尼西亚、中国、日本等地

苍鹭

虽然看不到，但这里是膝盖！

WOW!

火烈鸟

是粉红色的原因

——饲料和油脂

火烈鸟

小档案

- **学名** 美洲红鹳
- **体长** 大约130cm
- **分布** 加勒比海沿岸

趣闻 金鱼也是因为食物变红的?

说到染色效果，金鱼也是一样。为了让金鱼的红色更加鲜艳，人们在金鱼的食物里添加了螺旋藻成分。而火烈鸟吃的藻类也是螺旋藻，所以对鸟和鱼而言，染色效果是相同的。

大量聚集生活的火烈鸟有着鲜艳的粉红色羽毛，但它们并非天生就是粉红色的。它们羽毛的粉红色是通过食物形成的，比如藻类、浮游动物、虾中包含的β-胡萝卜素、角黄素等。在动物园里，由于无法保证藻类等自然食物的获取，因此会为它们提供复合饲料（颗粒），这种食物中也含有β-胡萝卜素，可以维持它们羽毛的粉红色。

不仅如此，它们羽毛的根部有个叫作"尾脂腺"的腺体，其分泌的油脂中也含有红色素。火烈鸟会用嘴巴将油脂涂在羽毛上，仔细整理后，也像是染了一层红色素。

燕子

WOW!

燕子低飞要下雨？

今天是晴天，所以能在高空捉到蜻蜓!

人们常说燕子低飞会下雨。原因是要下雨的话，湿度升高，昆虫等不会飞得太高。实际观察中发现，晴天时燕子会在高空中捕捉蜻蜓等，但在阴雨天气时，它们会低飞捕食青虫。所以，"燕子低飞会下雨"可以说是相当准确的说法。

小档案

- **学名** 燕子
- **体长** 大约17cm
- **分布** 分布广泛

燕子在屋檐下筑巢的原因

一到初夏时节燕子就会出现。它们会在店铺前、民宅、车站甚至大楼等地方飞来飞去，寻找适合筑巢的屋檐，有时还会进到车库或者房屋内筑巢。为什么燕子不怕人，还会把巢建在离人这么近的地方呢？这是因为蛇或其他天敌害怕人类，不会接近燕子的巢。换句话说，燕子选择在人类活动的地方筑巢，是在寻求人类的保护。不过燕子巢可能会导致人们无法关闭百叶窗，或者被它们的粪便弄脏。虽然很麻烦，但看到那些没有捅掉燕子窝的人家或商店时，你是不是会认定他们是好人呢？可以说，燕子巧妙地利用了人类的心理。

蛇过不来，轻松——

有人的地方不会有蛇靠近，所以要在人多的地方筑巢。

人生就是重复告别。在一起的日子仅仅数月。

啊！有点厌倦了……

鸳鸯

恩爱的夫妻

鸳鸯并不是

在中国，民间常用鸳鸯比喻夫妻，但鸳鸯其实并不是真正的"模范夫妻"。像大多数鸭类一样，从孵化到育雏都由雌鸟负责，用人类的说法就像是单身母亲。

一旦交配结束，雄鸟就会离开，而雌鸟则负责孵化，夫妻待在一起的时间只有几个月而已。当繁殖季节过去，它们的夫妻关系就会解除。此外，这一对雄鸟和雌鸟在第二年也不会再次结对。

由于雄鸟和雌鸟的羽毛颜色明显不同，且雄鸟的颜色非常漂亮，所以它们在一起的时候十分引人注目，可能因此才被误认为是"恩爱"夫妻。

脖子可以转270度，所以眼睛不动也没关系。

白脸角鸮

猫头鹰

不能靠斜视作弊？

小档案

● **学名** 白脸角鸮

● **体长** 大约20cm

● **分布** 非洲

笔者的经验之谈

眼镜猴也是一样！

说到眼睛不会动，眼镜猴也是这样，它们也不会斜视。我在加里曼丹岛遇到的眼镜猴也只会睁着眼睛移动脖子，以一种"找—到—你—了"的感觉看过来。顺便说一下，海马的眼睛是非常灵活的。

猫 头鹰又大又圆的眼睛颇具特点，但实际上这对眼睛是固定在头骨上的。由于无法自由移动，所以也没法斜视或侧视看东西。为了弥补这一点，猫头鹰的颈部非常灵活，可以转动大概270度，即使无法侧视也不会有问题。不过它们也不需要做斜眼偷看这样像是在作弊的动作。

眼镜猴

鸟站在电线上不会触电的原因

麻雀

小档案

- 学名 麻雀
- 体长 大约13cm
- 分布 欧亚大陆

只要站在这一根电线上，就不会触电。

灰脸鵟鹰

WOW!

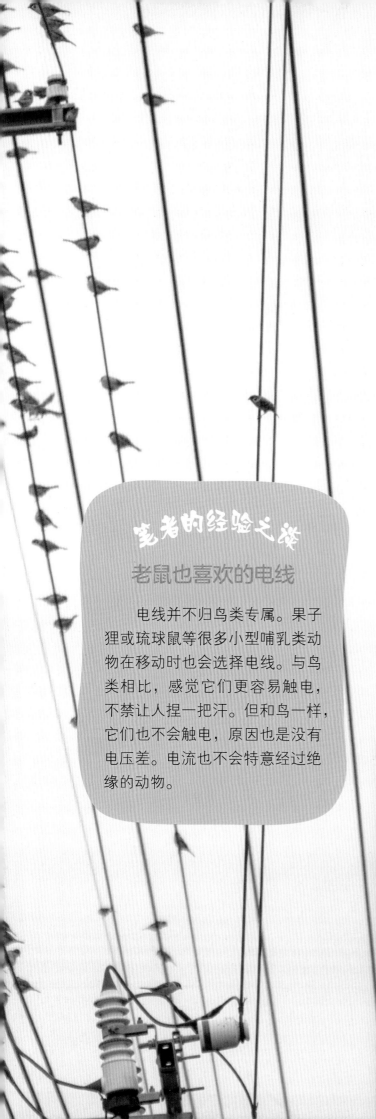

其 实，室内和地下的电线并不是采用裸线，所以一般不会触电。但我们常听说有人触电的消息。抱着这个疑问我进行了调查，发现不仅有漏电的原因，也因为电压本身就很高，可能会有放电现象。另外，如果同时接触到两根电线，电流会从电压高的一根流向低的那根，所以也有可能触电。这些都是不同条件下发生触电的情况。

那么，为什么鸟类不受影响呢？

答案很简单，因为它们只停在一根电线上。鸟站在同一根电线上，左右脚几乎没有电压差，所以电流不会传导到脚上。电流在流动时会选择阻力较小的路径，因此也不会特意经过阻力较大的鸟的身体。好像明白又好像有点儿糊涂……看来还需要学习电学知识呢。

笔者的经验之谈

老鼠也喜欢的电线

电线并不归鸟类专属。果子狸或琉球鼠等很多小型哺乳类动物在移动时也会选择电线。与鸟类相比，感觉它们更容易触电，不禁让人捏一把汗。但和鸟一样，它们也不会触电，原因也是没有电压差。电流也不会特意经过绝缘的动物。

老鼠

后记

动物是令人惊叹的。

无论哪种动物都拥有超越人类想象的能力。

这种能力可能是人类绝对无法模仿的"惊人能力"，或者怎么看都很酷的能力，抑或是让人类稍感疑惑的能力，还有从人的角度来看有些恶心的能力等，多种多样。每种能力都很有趣、酷炫，又令人惊讶。

动物摄影师或者研究者，可能要花费多年时间才能亲眼看到这些动物行为，或者为了拍摄一张照片而连续几天不睡觉，有的甚至冒着危险……但是这本书中介绍的并没有那么特殊，都是在身边的环境、动物园或者水族馆中采访或拍摄时遇到的。

只要对动物稍感兴趣，向动物园或水族馆的饲养员、宠物店店员等询问的话，大家都有可能发现这些有趣、酷炫、惊人的瞬间。

在读完这本书后，请一定要去看一看，亲身去感受它们行为和形态的有趣之处。

山川、海洋、河流、露营地、宠物店、猫咖、动物园、水族馆……只要你想，动物随处可见。而且，不要满足于走马观花式的外表欣赏，要更加仔细一点观察它们的行为。走马观花式观察动物的时代已经结束了！走近动物，你可能还会遇到一些这本书中没有讲到的惊人瞬间！

动物摄影师　松桥利光